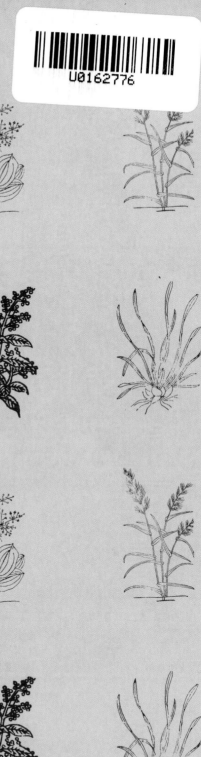

MING

# 草木花实敷

## 实敷

中国传统博物学研究文丛

明代植物
图像寻芳

◎ 张钫 著

主编 罗桂环

广西科学技术出版社

# 目　录

引 言

一

从人类诞生伊始，植物就在人类文明史中占据着重要地位。植物不仅能够为我们提供衣食，帮我们抗御疾病，给我们筑屋造船，促进我们的物质进步，还能怡情养性、寄托情感，丰富我们的精神世界。在长期的生产实践中，从春秋战国时期孔夫子的"多识于鸟兽草木之名"[1] 到民国时期侯鸿鉴的"言不过松竹之微，鸡犬之细，岩石之毫，然使知跬步之内，有物有理，养成观察之机能，唤起博爱之心情"[2]，中国学者历来有着重视博物学的传统。他们为了更好地诠释经典、传承文化和理解自然，不断致力对草木鸟兽的关注和探讨[3]。然而在 20 世纪下半叶，由于各门学科的专门化，特别是生物学向微观层面的深入及现代教育体系的变革，长期形成的这种博物传统逐渐地淡出人们的视野。对草木鸟兽关注度的降低，进而影响着人们对大自然的亲近和对动植物的关怀热爱。不仅如此，随着社会的飞速发展，人们在物质层面表现得颇为急功近利，常常通过竭泽而渔、乱砍滥伐等方式获取眼前利益，使得生物资源和生存环境受到重创，与之相伴的环境危机、生物伦理等问题也接踵而至。

在这种背景之下，博物学的回归对我们当今社会的发展显得尤为重要。在不断呼吁生态文明建设的当今社会，源自大自然的博物学和博物观念，本身就包含有丰富的人与自然共存共处、和谐共生的生态因素；同时，博物学还引导人们学会亲近自然、理解自然，从而更有效地保护我们赖以生存的生态环境。此外，在学科领域

[1] 论语注疏：卷 17[M]// 阮元，校刻. 十三经注疏. 北京：中华书局，1980：69.

[2] 侯鸿鉴. 初等博物教科书 [M]. 上海：文明书局，1903：2.

[3] 罗桂环. 中国传统的"博物"与"多识"[J]. 北京林业大学学报（社会科学版），2018（4）：10-16.

专门化日益显著的今天，亲近自然、了解博物学对自然科学研究亦有促进作用。很多在自然科学领域做出卓越贡献的人，一定程度上也受益于博物知识的熏陶。日本量子化学家福井谦一就认为，在科学的认识中，影响科学创新的重要因素就是所谓的"科学的直感"，也就是科学地认识自然与如实地认识自然相结合的一种状态，因此福井谦一特别强调接触大自然在科学兴趣和科学思维培养中的重要性[1]。幸运的是，最近十多年来，古老而传统的博物学开始被重新"发现"，国内科学哲学、科学史、文化史以及人类学等领域逐渐掀起了复兴博物学的风潮。在诸多自然爱好者的推广普及之下，博物学进一步走进了公众视野。

[1] 福井谦一.学问的创造[M].那日苏，译.石家庄:河北科学技术出版社，2000: 14-24.

在"图像时代已经来临"的今日，博物图像——无论是植物科学画、手绘植物插图还是动植物照片，都已经成为当今博物学的重要组成部分。与古代的植物图像类似，今日的博物图像不仅自身蕴含着丰富的自然知识，而且也在图像的生产与流通中受到诸多社会因素与文化因素的影响。博物图像的绘制目的各有不同，其风格、质量差异亦较大。在图像的缔造过程中，除了具备自然知识的专业人士外，绘画、摄影等艺术领域，出版社、印刷厂等企业均会参与其中。知古鉴今，我们探讨古代的植物图像，在博物学复兴的今日，必将能够对今日博物图像的发展与应用起到一定的借鉴或警示作用。

当前史学界对图像的关注渐多，正如英国新文化史学者彼得·伯克（Peter Burke）所言，"图像如同文本和口述证词一样，也是历史证据的一种重要形

[1] 彼得·伯克.图像证史 [M].杨豫,译.北京:北京大学出版社,2008.

[2] 吴继明.中国图学史 [M].武汉:华中理工大学出版社,1988.

[3] 刘克明.中国工程图学史 [M].武汉:华中科技大学出版社,2003.

[4] 郑樵.通志二十略 [M].王树民,点校.北京:中华书局,1995:1825.

[5] 朱至清.图文并茂的《小麦解剖结构图》[J].植物学通报,1984(C1):101.

式"[1]。在科学技术史领域,图像资料的利用也逐渐活跃起来,吴继明、刘克明曾对中国古代图学进行了系统的探讨,但其所定义之图学,多指古代工程图学,主要涵盖机械、建筑、天文、地理及水利等领域,几乎没有涉及医疗图像和动植物图像[2][3]。然而动植物图像在我国也同样有着久远的历史,理应是中国古代图学的重要组成部分。其实在古代博物学史研究中,动植物图像也远不只处于"证史"的地位,其本身就是一种历史表现形式,植物图像史料不仅蕴含着大量植物知识,而且能反映出图像制作与流通的过程中图像缔造者及其参与者对动植物的认知程度,更是各个时期动植物知识发展进程的直接体现。因此,图像路径的博物学史研究可能有助于我们对中国传统博物学发展以及对古人和动植物的关系有更深入的认识。

二

在古人认识植物的历程中,借助图像展示植物,是一条重要的认知途径。因此,古有郑樵云"草木之状,非图无以别"[4],近有植物学家张景钺说"图是(植物)形态学的语言"[5]。植物图像不仅在人类对植物的认识中发挥着重要作用,还与植物学一样,更反映着人类与大自然千丝万缕的联系,与我们的日常生活息息相关。每个时代,各个阶层的人们都会经常面对植物图像,植物图像已然成为人类社会的有机组成部分。

无论是在西方，还是在中国，植物图像的绘制均有着悠久的传统。中国传统植物图像的发展大抵可以划分为两条不同的进路：一是知识传统，也就是蕴藏在本草、农书、雅学、经学、植物谱录等知识体系中作为插图的植物图像；二是绘画传统，特别是花鸟画，使得植物以画作图像的方式得以很好地呈现。而这两个传统并非完全独立发展的，其间有所交织，互相影响。

本草农书中的植物图像，大抵又可划作三个体系。一为宋代苏颂组织完成的《本草图经》图像系列，该书图文结合的方式开创了我国本草图像的常规模式，后世本草著作中的图像大多沿袭了这种体例；二为以《本草原始》为代表的药用植物局部图，明代李中立开创了药材图的先例，以突出植物局部特征与剖面结构为特色；三为《救荒本草》系列，开创了"救荒"食用植物的插图典范。彩绘本草图像者，先有南宋画家王介，隐居杭州山野，辟田植圃，识药众多，编绘成《履巉岩本草》；再至明代，宫廷专业画师完成了《本草品汇精要》，后又有宫廷画者据此摹绘，纂成《食物本草》《补遗雷公炮制便览》。《本草品汇精要》副本传至民间，又有民间画家临摹此中药物图，遂成《金石昆虫草木状》《本草图谱》流传世间。

孔子曾训导弟子，读《诗》可以"多识于鸟兽草木之名"[1]，为了更好地理解、释读《诗》等经典，众多学者逐渐热衷对动植物的探索，考辨其中的动植物名称。而在名物辨识时，郑樵则认为"虫鱼之形，草木之状，非图无以别"[2]。因此，在对《诗》的图像解读中，不仅

[1] 论语注疏：卷 17[M]// 阮元，校刻.十三经注疏.北京：中华书局，1980: 69.

[2] 郑樵.通志二十略 [M].王树民，点校.北京：中华书局，1995: 1825.

有马和之的《豳风图》流传，亦有《毛诗名物图说》《毛诗品物图考》等以辨别名物为核心的图谱；在解经的字书《尔雅》体系中，不仅有《埤雅》《尔雅翼》等文本释名，亦有郭璞纂成的《尔雅音图》附有图像来释名。此外，明代王圻、王思义父子编纂的类书《三才图会》，其中有鸟兽草木之类，其体例与经学系统的图像颇为相似，而清代的《古今图书集成》则是动植物图像的集大成者。

植物谱录是记载古代植物知识的又一种重要书写体例。从宋代至明代，植物谱录盛行；以展现动植物风貌为特色的花鸟绘画也得到了长足的发展。与之并行，在植物谱录之中，除了最初的文字谱录，还逐渐出现了以图为主、文字为辅的谱录，诸如《梅花喜神谱》《竹谱》等，再至明清时期，则转型为《高松菊谱》《芥子园画谱》等更具画谱性质的谱录。当然还有《培花奥诀录》《花镜》《兰蕙同心录》等以文字为主、图像为辅的植物谱录。此外，在《花史》等著作中，更出现了彩色的植物图。

从绘画的发展而言，中国传统绘画，特别是花鸟画，经常具有浓厚的博物色彩，可直接用绘画图像反映动植物的特征。特别是宋元时期盛行的花鸟工笔画，几乎都是对大自然中动植物的真实摹写，这种动植物图像为我们今天的动植物考证研究提供了直接证据，比如彭旻晟从宋徽宗的名作《芙蓉锦鸡图》中发现最早的杂交锦鸡[1]。到明代时，绘画依然是反映植物的重要表现方式，但风格发生了少许变化。在传统画谱中，也常见对植物形态的描述，进而形成对应的画法技巧。

[1]PENG M S, WU F, MURPHY R W, et al. An ancient record of an avian hybrid and the potential uses of art in ecology and conservation[J]. Ibis, 2016, 158(2):444-445.

植物图像尽管引人注目，但其从最初的图像绘制到最终的效果呈现，却是一件极其复杂的事情。仅从客观因素来讲，植物图像的最终呈现是由创作者对植物的认知程度、绘画水平和版刻技法等多种因素共同决定的。宋代，人们的动植物知识不断积累并从广阔的知识体系中分离，形成了"鸟兽草木之学"，并且写实性极强的花鸟画达到了一个高峰，两者共同促成了宋代植物图像的壮观盛世。而至明代，不仅植物知识得到进一步积累，绘画艺术也得到更充分的发展，版刻技术更是得以改进和普及，进入了"登峰造极、光芒万丈"[1]的时代。此外，还出现了彩印技术，这种出版环境为明代植物图像的广泛流传提供了技术保障。因此，相较于宋代，明代更是出现了种类繁多、形制各异的植物图像。

[1] 郑振铎.中国古代木刻画史略[M].上海：上海书店出版社，2006：49.

故而，本书将以明代本草、农书及园艺谱录中的植物图像为研究对象，从植物知识、绘画艺术与版刻技术三个维度出发，通过植物图像的视角来窥探我国古代植物知识在不同阶层的积累与发展。

## 三

在西方学界，将科学史与艺术史结合进行综合考察，已是较为普遍的研究方式。荷兰汉学家高罗佩（Robert Hans van Gulik）在 1967 年完成的动物文化史专著《长臂猿考》（*The Gibbon in China, an Essay in Chinese Animal Lore*）就是这方面的典型代表，该书 2015 年译成中文版，其中涉及不少宋代猿类图像的探讨。对于中国的植物图像与文化，法国学者梅泰理（Georges Métailié）进行了诸多研究，在《植物的表述：版刻与绘画》（*The Presentation of Plants: Engravings and Paintings*）一文中，梅泰理对不同书籍版刻的图文关系进行了研究，并分别以梧桐、蜡梅为例，对版刻插图与艺术插图的差异进行比较研究；在《论宋代本草与博物学著作中的理学"格物"观》一文中，梅泰理从宋人格物的角度，对宋代本草等图像进行了研究。另外，梅泰理在从人类学角度研究中国古代的植物学知识时，也对植物图像进行了一些分析，见《关于中国植物知识历史的一些思考》（*Some Reflections on the History of Botanical Knowledge in China*）一文。英国学者胡司德（Roel Sterckx）对中国古代动物图像进行了一些探讨，撰成的《插图的局限：从郭璞到李时珍的动物插图》（*The Limits of Illustration: Animalia and Pharmacopeia from Guo Pu to Bencao Gangmu*）一文对植物图像的研究也同样颇具启发性。该文从现存动物绘画谈到本草中的动物形象，指出无论是作为医学插图还是作为分类的依据，这些图像都受到视觉表达固有局限性的限制，失去了本应有的功能，使本草插图的预期目标与应有价值都受到质疑。意大利学者米盖拉（Michela Bussotti）在其文章《版刻插图概要》（*Woodcut Illustration: A General Outline*）中，从版刻技术的角度出发，研究了版刻技术及刻工对图像精准度的影响，其中涉及大量本草插图中的动植物图像。

在国内，本草学史领域的学者对药用植物图像关注颇多。郑金生等人先后对中医本草古籍中的植物图像进行了整理，并对图像特色及发展历史脉络进行了研究。他在《药林外史》一书中探讨了中国古代典籍中的本草插图，他从木刻版刻插图以及彩绘本草插图两条线索，对本草图像的发展历程进行了较为细致的介绍和分析[1]。此外，郑金生还系统梳理了中国古代彩绘本草图像的历史[2]，对彩绘本草著作《履巉岩本草》进行了研究，考证了该书流传、药物、药图、撰绘地点等问题[3]，并通过对明清时期几部彩绘本草图中的插图版本及图像传承的研究，厘清了明代几部彩绘本草图的传承脉络[4]，还通过对明代几部重要本草著作图文关系的探讨，指出在图像研究中应将图、文分而视之[5]。另有一些集中对单本本草著作图像的研究，有学者以本草图为视角，考察同一著作不同版本间的传承关系或者不同著作间的传承关系，如郑金生等人对《本草图经》中的图像来源进行了考证；亦有学者借助本草药图对植物进行考订；还有人对本草中的特色图像进行研究。

在植物谱录的图像研究方面，久保辉幸曾结合宋代绘画发展史，提及植物谱录与绘画艺术的关系，但由于其研究重心在于植物谱录，对图像并未进行深入探索[6]。魏露苓在研究明清时期的动植物谱录时提及明清时期谱录的特点之一即图文并茂[7]。林厚成也提及图像的使用是明清时期植物谱录的重大突破，并以《植物名实图考》中的图文为例，从画谱书写出版的角度进行了考察[8]。

从综合研究的角度，许玮以博物学为核心，多角度地探讨了宋代动植物图像所蕴含的文化资源，以及图像

[1] 郑金生 . 药林外史 [M]. 桂林：广西师范大学出版社，2007：195-222.

[2] 郑金生 . 中国古代彩绘药图小史 [J]. 浙江中医杂志，1989（9）：422-424.

[3] 郑金生，整理 . 南宋珍稀本草三种 [M]. 北京：人民卫生出版社，2007：23.

[4] 郑金生 . 明代画家彩色本草插图研究 [J]. 新史学，2003（4）：65-120.

[5] 郑金生 . 论中国古本草的图、文关系 [C]// 中国科技典籍研究——第三届中国科技典籍国际会议论文集 . 郑州：大象出版社，2006：210-220.

[6] 久保辉幸 . 宋代植物"谱录"的综合研究 [D]. 北京：中国科学院自然科学史研究所，2010.

[7] 魏露苓 . 明清动植物谱录及其特点 [C]// 华觉明，主编 . 中国科技典籍研究——第一届中国科技典籍国际会议论文集 . 郑州：大象出版社，1998.

[8] 林厚成 . 为花作史：《群芳谱》与明清植物谱录的发展 [D]. 台北：台北大学，2010.

[1]许玮.宋代的博物文化与图像[D].杭州:中国美术学院,2011.

[2]李昂,陈悦.中文古籍中植物图像表达特点刍议[J].自然科学史研究,2015(1):83-100.

与博物学两者之间的有机互动,通过博物学所展现出的宋人多元的知识结构,进而探讨宋代绘画达到高峰的缘由[1]。李昂、陈悦围绕几部图像丰富的植物学著作,分析了其中图像的绘图目的、图文组织、图像内容及绘制特点,讨论了植物图像在相关知识记录与传承中的作用,并指出植物图像较文字表现出的弱势,或许在一定程度上影响了传统植物学知识的深化[2]。

尽管当前已有不少针对传统植物的研究,但这些研究大多都集中于重要或典型植物图像著作的研究上,重在厘清植物图像的线索、发展脉络以及对图像所承载的植物知识进行挖掘,而且这些研究几乎都是对某一特定类型图像的研究,较少将不同领域、不同门类的植物图像关联起来进行探讨。

## 四

如前所述,植物图像从最初的图像绘制到最终的效果呈现,是一个极为复杂的过程。从客观因素而论,植物图像最终所呈现出的形制由三个要素决定,即植物知识、绘画艺术以及版刻技术。这三个要素构成了一个评价植物图像特征的三维坐标系,决定了植物图像在三维坐标系中的位置。

在目前的植物图像研究中,很少有将植物图像置于其整体发展图景中进行探讨的,多是撷取三维坐标系中的一个或几个点,因此很难窥得植物图像整体发展的全貌。实际上明代的植物图像，就如万花筒所采用的玻璃片一样，形形色色、各有千秋，这些图像具有较强的多元性，有精准者亦有粗糙者，有力求准确者，有追求美观者，有图文结合者，有图文分离者，有呈现全局者，有展示局部者……它们分散于整个三维体系坐标系的各个角落，正是这些形色各异、看似杂乱无章的植物图像，从整体上构成了明代植物图像的基本图景。因此，本书将首先以明代本草、农书、植物谱录和园艺著作中的植物图像为研究对象，通过对植物知识、绘画艺术和版刻技术三个维度的探讨，来还原明代植物图像所呈现出的多元化的基本图景。

造成植物图像呈现多元化局面的核心因素在于"人"。在植物图像制作与流传的过程中，不同群体的参与者，包括编纂植物书籍的学者士人、绘制图像的画师或画工、组织书籍刊刻的刻书家、促进书籍流通的书商、进行刊刻的刻工乃至阅读图像的读者，他们所具备的植物知识及对待植物图像的观念，对所呈现出的图像质量有着直接影响。因此，本书关注的第二个问题涉及图像在同一领域及不同领域内的流通与传播，以及在图像制作与流通过程中，不同群体的参与者分别是如何认识植物图像的，他们所具备的植物知识如何。

本研究还将关注科学（自然知识）与艺术（绘画）之间的有机互动。在以往的中国古代生物学史或者艺术史研究中，较少有将自然知识与绘画艺术这两者联系起来的讨论。而实际上，在与植物相关的图像中，不仅存在着单一领域内部的图像流传，同时还存在着本草范畴的植物图像与绘画艺术的跨领域传播。

因此，本书试图还原明代植物图像的整体图景，并通过图像制作、流传和阅读过程中"人"的作用将植物图像与植物知识联系起来，以补当前生物学史研究过多集中于文字史料之阙，以期能对中国古代植物知识的发展进行进一步的探索和有益的补充。

本书共分为五个部分：

第一章主要围绕传统药用本草植物图像展开，探讨植物图像传承过程中对早期植物图像的继承与变化。传统本草植物图像在本草学术传统之下继承了《本草图经》所建立的植物图像的基本模式，然而这种继承往往因继承者的植物知识背景的不同而表现各异。晚明时期出现了一些绘图极为粗略的图式化植物图，但其中一些图像的准确性却并不差，本章还对这种图式化的植物图进行探讨。

第二章以《本草原始》为中心，关注药用植物的局部图与剖面图，探讨植物图像在发展中的保守与革命。从现代植物学的视角来看，早期此类图像理应是极具价值的，但这类图像在明代的社会文化环境下能否算作植物图像的一种革命。本章分别从编纂书籍的学者及其继承传播者的角度进行探讨，并以此类图像为例，研究植物图像在流传中所经历的变化及其成因。

第三章以救荒食用植物为研究对象。将艺术史研究中"图文体"与"图文式"的概念引入植物图像研究之中，从图文关系的角度考察明代诞生的几部图文并茂的救荒食用植物的著作，进而从读者图像阅读的角度考察植物图像在本草学术以及日常实践等不同层面中的价值。

第四章以专业画者所绘的彩绘植物图像为中心，探讨彩绘植物图像所呈现出的特点及问题，以及植物图像从自然知识领域向绘画艺术领域的转移，关注植物知识与绘画艺术之间的流通与融合，并考察不同领域、不同类型的画家对待植物图像的态度及植物知识对画家的影响。

第五章以"不入农史之流"[1]的花卉谱录和花卉图像为核心，探讨明代花卉谱录、花卉图像以及画谱之间的交织与融合，进而研究整体社会文化风尚及社会传统对文人阶层植物知识的影响。

结语部分将分别从明代植物图像的多元化、不同阶层的参与者对植物图像的态度及其所具备的知识及图像流传的一些问题等几个方面对本书的研究进行总结。

[1]北魏贾思勰《齐民要术》云："花草之流，可以悦目，徒有春花，而无秋实，匹诸浮伪，盖不足存。"

013

*　　*　　*　　*　　*

第一章

传统与图式：药用植物的版刻图像

[1] 郑樵.通志二十略 [M].
王树民，点校.北京：中
华书局，1984：1825.

[2] 另据《澹生堂藏书目》
记载，明代有《本草图形》
一部，四卷，从其书名看
应为本草图谱一类，但已
经亡佚。

惟本草一家，人命所系，凡学之者，务在识真，不比他书只求说也。[1]

——郑樵《通志·昆虫草木略》

郑樵在《通志·昆虫草木略》中，肯定了本草学"务在识真"的传统。而治本草者为求"识真"，所采取的举措之一便是求诸图像。早在公元 6 世纪，就已出现了本草图像的萌芽，唐代有《新修本草》问世，附图 25 卷。然而要使本草图像真正发挥其功能，图像的流通与传播则是必需，故而系统化的本草图像有赖于版刻技术的发展。因此，宋代以前的本草图像影响甚微，而宋代朝廷敕修的《本草图经》，不仅是版刻本草图像的起始点，同时也塑造了本草图像的传统模式，以至于后来诸多本草图像都以此为蓝本进行摹绘。

明代时期，随着人们对植物认知的增长以及药物知识的膨胀，药用植物辨识及药材炮制的需求也更为迫切，当时又处于版刻盛世之下，因此刊印并新纂了众多本草著作。这一时期，不仅有官府、书坊甚至有私人对在《本草图经》基础上形成的《经史证类备急本草》进行多次重刊，同时也诞生了以《本草纲目》《本草蒙筌》《滇南本草》等为代表的传统本草著作，此外还有《太乙仙制本草药性大全》《鼎雕徽郡原板合并大观本草炮制》以及在元代基础上增补的《本草歌括》等合并了传统本草与草药炮制的本草著作诞生。以上这些本草著作中，均有着丰富的植物图像 [2]。

然而令人意外的是，尽管明代处在一个绘本、木刻图像都极为出色的时代，但是药用植物版刻图像在这个时代却始终禁锢在《本草图经》所建立的图像模式中，未能在其基础上得以超越；不仅如此，从艺术视角而论，其中很多图像反而被认为是较为粗糙的，甚至连李时珍的《本草纲目》也未能幸免，一边是他对《本草图经》中图像的苛求，一边却是在《本草纲目》中留下较为粗略的图像，使得这部旷世巨著在这方面有明显的瑕疵，以至于不少学者努力将其中图像与李时珍撇清关系[1]。而这类粗略的图像，由于其学术价值有限，也很少有学者将其纳入研究范畴。尽管如此，这些图像始终是明代药用植物版刻图像体系的构成部分，我们无法抹去它们在历史中留下的痕迹。

本章将对现存几部明代图像本草著作中的药用植物图像进行综合探讨[2]，试图勾勒出明代版刻药用植物图像的源流脉络与基本全貌，并尝试从本草图像所处的学术传统以及参与图像制作者的关系等方面，梳理当时版刻药用植物图像中各种令人费解的反常与悖论。

[1] 比如，日本宫下三郎、加拿大郏葭（Carla Nappi）等学者所做的相关研究，笔者将在后文中阐述。

[2] 在明代诸多本草著作中，《滇南本草》是一部记载研究地方性本草的巨著，其传本较多。其中有《滇南本草图说》残卷流传，存三至十二卷，收载水墨药图238幅。该书系明代兰茂，明嘉靖丙辰（1556年）滇南范洪述，至清代康熙丁丑（1697年）滇南高宏业抄录，乾隆三十八年（1773年）二月朱景阳又重抄，未有刊本，汤溪范行准先生收藏。故而，该书是明清传抄者增补而成的云南地方本草书，由于图像绘制时代并不明确，无从考证，因此未将其纳入本书研究范围。

017

◎ 第一节

源：本草图像模式的形成

本草图像的历史，源远流长。《隋书·经籍志》中就记载有《芝英图》《芝草图》《灵秀本草图》等与本草关系密切的图像。

《芝草图》具有一定的道家色彩与祥瑞象征，但这并不影响其在生物学史上的重要性，李约瑟曾肯定了它在真菌学史上里程碑的意义[1]。芝草类图像在《抱朴子·内篇》"遐览"中也有记载，葛洪曾阅其师郑隐的藏书，所见《道经》中即有《木芝图》《菌芝图》《肉芝图》《石芝图》《大魄杂菌图》各一卷，这也即是所谓的"五芝"[2]。此外，早期还有《瑞应灵芝图》《神仙玉芝瑞草图》《仙人采芝图》等图，可见芝草图构成了早期本草图像的一个特殊类别。

《灵秀本草图》由原平仲著成，张彦远在《历代名画记》中对其有所记载，并注明"起赤箭，终蜻蜓"[3]，这种将植物置于前、动物置于后的编排顺序，无疑与很多本草著作的编排顺序相一致，而以"赤箭"作为本草植物之始，这又与《嘉祐本草》和《本草图经》的排列是一致的[4]。因此，《灵秀本草图》极有可能就是为当时其他本草著作所做的相应配图。

至唐代，本草图像得到了进一步发展。唐显庆四年（659年），苏敬等人共同编修完成了图文并行的本草专著——《新修本草》，该书由《本草》22卷、《药图》25卷[5]和《图经》7卷三部分组成，其中"图以载其形色，经以释其同异"[6]，药图"丹青绮焕，备庶物之形容"[7]，可见当时图像均为彩色绘制，且图像的体量远远超过了文字内容，足见组织编纂者对图像之重视。在朝廷的支

[1] 李约瑟.中国科学技术史：第六卷 生物学及相关技术：第一分册 植物学[M].袁以苇，万金荣，陈重明，等译.北京：科学出版社，2008：223.

[2] 葛洪.抱朴子：卷第十九：内篇 遐览[M].上海：上海书店出版社，1986：94.

[3] 张彦远.历代名画记[M].俞剑华，注释.南京：江苏美术出版社，2007：96.

[4]《本草图经》尚志钧先生辑佚的版本中，赤箭排列在第一位。据尚志钧先生解释：其辑佚的《本草图经》编排顺序与《嘉祐补注神农本草经》保持一致，《本草图经》序云"药有上、中、下三品，皆用《本经》为次第"，所以《本草图经》药物分类及目次，与《嘉祐本草》基本是相同的。

[5] 在《唐书·艺文志》《通志》等中，均记载"药图二十六卷"，很可能是将目录作为一卷列出。

[6] 本草图经序 // 唐慎微.重修政和经史证类备用本草[M].晦明轩本影印本，北京：人民卫生出版社，1982：26.

[7] 孔志约.唐本序 // 唐慎微.重修政和经史证类备用本草[M].晦明轩本影印本，北京：人民卫生出版社，1982：28.

持下，苏敬等人下令在全国各地征集植物，并如实绘图，以供甄选编排。

这种从各地征集植物及其图像的做法并非首创，这种思路或许与各地进献植物图像的传统有一定渊源。早在唐代之前，就已形成一种崇尚祥瑞植物的风气，认为形状殊异的植物往往象征着祥瑞之气，并将之与王朝气运相联系。此类祥瑞植物受到每个朝代的重视，故而地方各州、郡，如若发现此类植物，就会进献植物标本，或是对其绘图以进献图像。《玉海》第197卷"祥瑞·植物"整卷都在记载不同时期各地进献的祥瑞植物或其图像情况，仅摘取几例如下：

元和七年（812年）十一月，梓州言，龙州界嘉禾生，有麟食之，每来一鹿引之，群鹿随之，使画工就图之，并嘉禾一函以献。

景德元年（1004年）正月乙未，赵州献《嘉禾合穗图》；四年（1007年）十月己亥，广成军上《嘉禾芝草图》；九月乙酉卫州、戊子德州献《嘉禾图》。

五年（1008年）五月壬子，亳州献《瑞麦图》，有分四歧、三歧、两歧者；九月庚戌朔，磁州言嘉禾合穗，画图来献，以示近臣。[1]

进献植物图的传统，甚至可以上溯至三国时期，《南方草木状》一书在介绍水蕉时，就记载有"水蕉，如鹿葱，或紫或黄。吴永安中，孙休尝遣使取二花，终不可致，但图画以进"[2]。因此，在早期，绘制植物图像的功能主要在于记录植物外形的特别之处，描绘其形态，进呈于皇帝。而这种由各地进献植物图像或植物标本的模式，

[1] 王应麟.玉海（五）[M].扬州：广陵书社，1997：3602-3623.

[2] 嵇含.南方草木状[M].广州：广东科学技术出版社，2009：14.

与此处《新修本草》中的图像征集以及后来苏颂在编纂《本草图经》时从各地征集图像具有本质上的共性，就是植物图像来源广泛，都来自民间。

事实上，在早期唐人的观念中，这些本草图像所承载的功能并不限于植物形态的记录与辨识。张彦远在其画史著作《历代名画记》"述古之秘画珍图"中就记载有数种本草图：

> 大蒐神芝图。十二
>
> 神农本草例图。一
>
> 灵秀本草图。六。起赤箭，终蜻蜓，源平仲[1]撰
>
> 本草图。二十五。其形状苏敬撰，明庆中事[2]

张彦远将这些本草图视为"秘画珍图"，可见当时的植物图像不仅作为一种知识传递的载体，同时兼具绘画的审美功能。日本学者中尾万三认为，收有唐代珍宝的正仓院御物目录《东大寺献物帐》中记有"本草画屏风"——"古样本草画屏风一具，两叠十二扇，一高五尺二寸，一高五尺三寸"，可以反映《新修本草》药图的原貌。[3]该图尺寸极大，这也可见早期的本草图像本身就是一种艺术绘画。

至宋代时，郑樵在《通志》中两次论及本草图像，一为《艺文略·医方类》中，记载：

> 灵秀本草图，六卷。原平仲撰。药图，二十卷。图经，七卷，并李勣等撰。新修本草图，二十六卷，苏敬撰。唐本草图经，七卷。本草图经，二十卷，宋朝掌禹锡等编撰。右本草图六部，八十六卷。[4]

另外，在《图谱略·记有》中与本草相关的图像如下：

[1] 此处"源平仲"恐为"原平仲"之误。

[2] 张彦远. 历代名画记[M]. 俞剑华，注释. 南京：江苏美术出版社，2007：93-97.

[3] 转引自：尚志钧，林乾良，郑金生. 历代中药文献精华[M]. 北京：科学技术文献出版社，1989：184.［按照中尾万三的推断，足见其制之巨，无怪乎有二十五卷之多，也正因为此，这些本草图像难以得到保存与传播。］

[4] 郑樵. 通志二十略：艺文略 医方类[M]. 王树民，点校. 北京：中华书局，1995：1718.

医药：原平仲《灵秀本草图》《药图》

符瑞：《玉芝瑞草图》、《灵芝图》、侯亶《祥瑞图》、孙柔之《瑞应图》、顾野王《符瑞图》、《上党十九瑞图》[1]

可见在郑樵的知识体系中，对本草图的定位较唐代时发生了一些变化，这里将本草图从绘画的范畴中分离出来，形成图谱一类，不再等同于用于艺术欣赏的画，因此可推断本草图从绘画中独立出来大约是在宋代。

本草图如若要实现"识真"之目的，则必须得到广泛传播，这便有赖于版刻技术的发展。唐代之前绘制的本草图像由于传播困难，几乎都已佚失，其影响甚微。宋代时，版刻技术的发展为本草图像系统的建立提供了技术保障。宋仁宗时，成立校正医书局，下令诏修《嘉祐本草》，在朝廷的充分支持下，由各州郡将地方所产的本草药物绘制成图，上呈京城。苏颂在其序言中记载："又诏天下郡县图上所产药本，用永徽故事，重命编述。"[2]所谓永徽故事，即是唐高宗永徽年间，高宗派李勣等人增修陶弘景的本草著作，编纂《唐本草》，诏令天下进献药图一事。在本草图的征集上，《本草图经》的做法效仿了《新修本草》，当然这亦是前述进呈植物及图像的传统风气使然；在图像编排上，《新修本草》将本草、药图和图经相互分离，独立成卷，而在《本草图经》中，苏颂则将图、文置于一书，这为本草图像的阅读与利用提供了方便。

通过大规模的图像与标本征集，苏颂进行最终的组织编纂，形成了《本草图经》的植物图像主体。由于其图像来源复杂，不仅征集于不同地域，而且时间跨度很

[1] 郑樵. 通志二十略：图谱略 记有 [M]. 王树民, 点校. 北京: 中华书局, 1995: 1825.

[2] 苏颂. 本草图经 [M]. 尚志钧, 辑校. 合肥: 安徽科学技术出版社, 1994: 1.

大，因为其中亦有征引前人图像者[1]，这也造就了《本草图经》图像风格的多样性。《本草图经》的植物图，约有65%以上的图像都绘制了包括植物根、茎、叶的全株图，由于大部分植物的药用部位在根部，此种类型的图像与药用植物的需求颇为契合；约有17%的植物仅绘制了地面以上生活的植株部分，这很可能是画者根据生活状态下的植物直接绘制的；另有15%的植物仅是折取了部分枝条进行绘制，从而展现局部细节，尤其是一些高大的木本植物、观果植物，多数如此处理；此外还有少量图像绘制了植物的生长环境（图1-1）。这些图像构成了中国古代本草图像的基本模式，在后世的本草图像上几乎都有其印迹。

　　由于图像是从各地征集来的，即使是同一种植物，不同地区所提供的图像可能并不相同，所以大部分植物都会收集到多幅图像。苏颂在面对图像取舍这个问题时，所采取的方法是尽可能多地收集各地的药图，将其毫无删减地呈现出来，从而出现了我们所看到的一物多图的现象，最极端的便是"黄精"条目中，共收集到10幅黄精图[2]，苏颂仅对于来源清晰的图像注明产地，并未对图像的真实性、准确性进行考证辨别。苏颂这样仅进行收集工作，将植物考证的工作留待后人，在当时本草知识积累庞大的情况下，也不失为对知识传承的负责[3]。

　　《本草图经》问世后，文彦博据其编制成《节要本草图》，原书已经失传，但从其序言中依旧可以看出图像在识别药用植物中的重要性，"（《本草图经》）药品繁夥，画形绘事，卷帙颇多，披阅匪易。因录其常用

[1] 郑金生在《〈天宝单方药图〉考略》中考证指出《本草图经》中的个别图像来源于唐代的《天宝单方药图》。罗桂环、汪子春在《中国科学技术史·生物学卷》中亦认为，《新修本草》中的部分图像在《本草图经》中有所保留。

[2] 在现代植物学知识中，黄精乃是百合科下的一个属，我国共有31种，根据药典，现代可做药用的仅有3种，即滇黄精（Polygonatum kingianum Coll. et Hemsl)、多花黄精（Polygonatum cyrtonema Hua)和黄精（Polygonatum sibiricum Delar.ex Redoute)，此处的10幅图中，其中至少3幅图中的植物根本不属于现代植物学上所划分的黄精属。

[3] 李昂，陈悦.中文古籍中植物图像表达特点刍议[J].自然科学史研究，2015（2）：164-181.

防风

莸蓂子

女贞子　　　　　　　　　　　　　　　广州沉香

图 1-1　《本草图经》四种风格本草图

◇注：图像取自《重修政和经史证类
备用本草》蒙古定宗四年张存惠晦明轩刻
本，1957 年人民卫生出版社影印本，第
179、167、306、307 页。

[1] 曾枣庄、刘琳，主编.
全宋文：第16册[M]. 四
川大学古籍整理研究所，
编.成都：巴蜀书社，
1991：41-42.

[2] 详细情况可见李健对
其版本的考证分析，《清
以前〈证类本草〉版本研
究》，中国中医科学院
2011年硕士论文。

[3] 另有南宋王继先刊刻
的《绍兴本草》，与其较
为相似。据李健考证，《绍
兴本草》与《证类本草》
在体例、卷次、药物分卷
等各个方面都截然不同，
并且药物内容也与《证类
本草》差异较大，因此其
仅是《证类本草》派生的
本草著作。笔者目前所见
的《绍兴本草》，均为日
本后来的残抄本，其图像
绘制在线条运用各个方面
比较接近于后来日本的本
草风格，其来源不甚明确，
故而在此未将其列入。

切要者若干种，别为图策，以便披检。简而易办，人得
有之，按图而验，辨误识真，用之于医，所益多矣。"[1]《本
草图经》如今已佚失，其中的本草图在唐慎微著成的《经
史证类备急本草》（简称"《证类本草》"）中得以保存。
《证类本草》又历经诸多修订，大观二年（1108年）由
孙觌、艾晟刊行成了《大观经史证类备用本草》（简称"《大
观本草》"），政和六年（1116年），官方加以校定，
形成《政和经史证类备急本草》（简称"《政和本草》"）[2]。
现存最早的《政和本草》是1249年由张存惠刊刻而成的
"晦明轩"本；最早的《大观本草》是1211年刘甲据淳
熙十二年（1185年）刻本所刊刻的版本，称为"刘甲本"。
这两个版本都较好保存了《本草图经》中的图像[3]，而这
些图像也成为后来本草图像的基本模式。

◎ 第二节

流：版刻盛世下的《证类本草》图像流传

[1] 尚志钧.《政和本草》版本讨论[G]// 尚志钧. 本草人生: 尚志钧本草论文集. 北京: 中国中医药出版社, 2010: 390-396.

[2] 李健. 清以前《证类本草》版本研究[D]. 北京: 中国中医科学院, 2011.

[3] 表1-1据李健考证编制、尚志钧考证补充核实而成。

[4] 李健指出该版本是万历六年本, 笔者核实日本国立国会图书馆所藏的该版本, 上书 "大明万历戊寅岁冬至吉旦归仁斋重刊", 即从万历六年冬到万历七年初完成, 以完成日计, 当为万历七年。

在宋、元时期形成的《证类本草》的基础之上, 明代对其进行多次翻刻, 使其中的图像得以更为广泛地传播, 进而成为后来诸多本草图像的模板。在当前已知的《政和本草》18个现存传本中, 出现在明代的就占了15个,《大观本草》在明代也有3个传本。尚志钧对《政和本草》[1]、李健对《证类本草》流传诸版本进行了详细的考证[2], 据其文可见明代对《证类本草》的主要翻刻传本如下(表1-1)。

表1-1 《证类本草》在明代的流传[3]

| 编号 | 出版年(公元) | 出版年 | 刊刻版本 | 类型 |
|---|---|---|---|---|
| 1 | 1468 | 明成化四年 | 山东原杰刻本 | 官衙刻本 |
| 2 | 1519 | 明正德十四年 | 马质夫刻本 | 官衙刻本 |
| 3 | 1519 | 明正德十四年 | 书林刘氏日新堂刊本 | 书坊 |
| 4 | 1523 | 明嘉靖二年 | 陈凤梧刻本 | 官衙刻本 |
| 5 | 1537 | 明嘉靖十六年 | 楚府崇本书院刻本 | 藩府刻本 |
| 6 | 1552 | 明嘉靖三十一年 | 周珫刻本 | 官衙刻本 |
| 7 | 1569 | 明隆庆三年 | 隆庆三年己巳本 | |
| 8 | 1570 | 明隆庆四年 | 浙江巡抚谷中虚刻本 | 私家刻本 |
| 9 | 1572 | 明隆庆六年 | 施笃臣校刊本 | 官衙刻本 |
| 10 | 1572 | 明隆庆六年 | 山东布政使司施笃臣校勘本 | |
| 11 | 1577 | 明万历五年 | 王秋尚义堂刊本《大全本草》 | |
| 12 | 1577 | 明万历五年 | 陈瑛刻本 | 藩府刻本 |
| 13 | 1579 | 明万历七年[4] | 杨先春归仁斋刻本 | 书坊 |

续表

| 编号 | 出版年（公元） | 出版年 | 刊刻版本 | 类型 |
|---|---|---|---|---|
| 14 | 1581 | 明万历九年 | 金陵唐氏富春堂刻本 | 书坊 |
| 15 | 1587 | 明万历十五年 | 经厂刻本，亦称内府本 | 经厂刻本 |
| 16 | 1600 | 明万历二十八年 | 籍山书院刊本《大全本草》 | |
| 17 | 1610 | 明万历三十八年 | 彭端吾重印本《大全本草》 | |
| 18 | 1624 | 明天启四年 | 胡驯、陈新刻本 | 私家刻本 |

据此统计，《证类本草》在明代诸多版本的刻书时间呈现为（图1-2）：

（公元年）

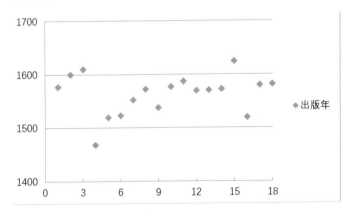

图1-2 《证类本草》不同版本刊刻时间分布图

从上图可以看出，《证类本草》在明代的刊刻主要集中在1500年至1600年间，也就是嘉靖至万历年间。据大木康对明代书籍出版文化的研究，嘉靖、万历年间正是明代整体刻书数量骤增的时期[1]，而这两者所呈现出的趋势一致性，可见版刻技术及出版文化的发展是推动

[1] 大木康.明末江南的出版文化[M].周保雄，译.上海：上海古籍出版社，2005：8.

《证类本草》流传的一个重要因素，在此过程中也促进了其中图像的流通与传播。然而在 1600 年之后，随着《本草纲目》的出现，对《证类本草》的翻刻造成一定冲击，使其传播稍有减弱，但是《证类本草》中所保留的图像模式又被其他本草著作所吸收。

在《证类本草》的诸多明刊本中，目前所能见到的几个版本依次为明成化四年 [1]（1468 年）本、嘉靖二年（1523 年）本、嘉靖三十一年（1552 年）本、万历七年（1579 年）本、万历九年（1581 年）本、王秋刊刻的《大全本草》所收本，因此将这些版本中的植物图像与目前所存最早的晦明轩本 [2] 的植物图像加以对比分析，可以考察出《证类本草》中的植物图像在明代的流传情况。

明成化四年本在刊刻过程中对晦明轩本的图像做了相对较大的改动，在此仅以"草部"为例，列出"草部"植物的差异（表 1–2）。

[1] 唐慎微 . 重修政和经史证类备用本草 [M]. 东京：日本国立国会图书馆，1468（明成化四年）.

[2] 唐慎微 . 重修政和经史证类备用本草 [M]. 晦明轩本影印本 . 北京：人民卫生出版社，1982.

表 1-2 明成化四年本与晦明轩本《证类本草》草部植物图像差异比较

| 卷 | 植物 | 晦明轩本 | 成化四年本 |
|---|---|---|---|
| 卷六 | 菊花 | 第三图未注明来源地 | 第三图注明"齐州菊花" |
| | 天门冬 | — | 六幅天门冬图像顺序与晦明轩本不一致 |
| | 苍术* | 7 幅图像置于两页 | 7 幅图像置于三页 |
| | 萎蕤 | 第二幅图注为"舒州萎蕤" | 第二幅图注为"舒州女萎" |
| | 麦门冬 | — | 随州麦门冬、睦州麦门冬图与图注标识混淆、标反 |
| | 草龙胆 | 多个小花 | 单朵大花 |
| | 菴䕡子 | 有花 | 无花 |
| | 巴戟天 | 根部有膨大结节 | 未表示出根部膨大部分 |
| 卷七 | 马兰 | 福州马兰叶缘锯齿状 | 福州马兰叶缘信息丢失 |
| | 沙参 | — | 三幅图像顺序调整 |
| | 香蒲 | 第二幅图注为"泰州香蒲" | 作"秦州香蒲" |
| | 地肤子 | 图注为"密州地肤子" | 作"蜜州地肤子" |
| 卷八 | 萆薢 | — | 两幅图像顺序调整 |
| | 白薇 | 花瓣中间有裂隙 | 花瓣为完整花瓣 |
| 卷九 | 海藻 | 为植株图 | 附有海水等生态环境 |
| | 高良姜 | 图注为"詹州高良姜" | 作"儋州高良姜" |

| 卷 | 植物 | 晦明轩本 | 成化四年本 |
|---|---|---|---|
| 卷十 | 附子 | 叶为掌状复叶 | 叶形为狭长形 |
| | 乌头 | — | 对六幅图像顺序进行调整 |
| | 天雄 | 叶形为掌状 | 狭长叶 |
| | 桔梗 | — | 图像顺序进行调整，更为粗糙，但无形态上的变化 |
| | 草蒿 | — | 图像更为简化 |
| | 射干 | — | 图像更为简化 |
| | 蛇含 | — | 植物整体进行调整，图形更为简化 |
| | 白蔹 | — | 植物图像简化 |
| | 白及 | — | 图像简化，花型发生变化 |
| | 狼把草 | — | 植物图像整体调整，图像更为简化 |

◇注：*两个版本都是将前三幅置于一页，晦明轩本将后四幅图置于同一页，明成化四年本则将后四幅图拆成两页。

从这些差异中，可以看出其图像的变更基本都是由于在刊刻过程中的刻工技术问题产生的（图1-3）。比如，一些图像顺序的调整，可能是为了更适应于版面编排，节省空间；很多明显的错误，则是由于在刊刻中缺乏相关知识，在对底本模仿的过程中出错。另外，很多图像明显进行了大幅度的简化，尤其在第十卷中，但这种简化是在原有图像基础之上进行，也很可能是刊刻过程中对图像的摹刻不够到位等技术问题所致。而此后的其他几个版本的《政和本草》，在图像排版等各方面，均与明成化四年本保持一致，仅有万历九年本再次对部分图像顺序进行了调整。

在嘉靖二年本中，前有陈凤梧之序，其中提及：

模印既久，字画汗漫。凤梧以谫陋承乏巡抚，延檄阜司访旧本而锓之，阅岁而始告成。凡为板一千三百四十有奇。[1]

嘉靖三十一年刻本中，分别有王积和马三才的序言，王积称：

原本刊于山东按察司，摹印既久，剥落漶漫，几不可识，览者病之……越两月，工且告竣。[2]

马三才亦提及：

成化初，抚台原公，板于东臬，时未百年，字图圮漫。臬使周珫，以请抚按虚斋王公，渔浦项公，复谋梓日，葛以给工，檄济南守李迁……梓成。[3]

[1] 陈凤梧. 重修政和经史证类备用本草序[M]// 唐慎微. 重修政和经史证类备用本草. 刻本. 东京: 日本早稻田大学图书馆, 1523（明嘉靖二年）.

[2] 王积. 重修政和经史证类备用本草序[M]// 唐慎微. 重修政和经史证类备用本草. 山东周珫刻本. 东京: 日本国立国会图书馆, 1552（明嘉靖三十一年）.

[3] 马三才. 重修政和经史证类备用本草序[M]// 唐慎微. 重修政和经史证类备用本草. 山东周珫刻本. 东京: 日本国立国会图书馆, 1552（明嘉靖三十一年）.

033

图1-3 不同版本《证类本草》对照图。以甘草图为例，从左到右依次取自明成化四年本、嘉靖二年本和嘉靖三十一年本

◇注：此处成化四年本、嘉靖三十一年本图像均取自日本国立国会图书馆所藏刊本第6卷，嘉靖二年本图像取自日本早稻田大学藏书第6卷。

明隆庆六年（1572年）本中有傅希挚和施笃臣的序言，傅希挚在序言中讲述了重刻的原因：

本草刊于东省旧矣，模印既久，渐模糊，几不可辨你，阅者病之。[1]

施笃臣则云：

字多剥落，藩臬诸君，虑其湮灭，与夫共请于两台重梓之。凡三阅月成，诸君属余叙之。[2]

可见当时重新刊刻此书的原因皆在于其雕版时隔日久，模糊不清，因此对其重刻，以保障知识的传承。通过嘉靖二年本、嘉靖三年（1524年）本和隆庆元年（1567年）本的序言，可以发现嘉靖二年本耗时仅一年，完成一千三百多板，而嘉靖三十一年本、隆庆六年本更是仅用两三个月就刊刻完成，这足见当时刊刻速度之快。然而在追求速度的同时，势必会影响到质量，使得翻刻过程中的准确度下降，嘉靖二年本中就出现了不少错误，制图也更为粗糙，而到嘉靖三十一年本，则更甚。因此，在这样的传刻之中，一方面知识得以传承，但同时，也在流传中使得知识有所形变。事实上，这种形变不仅存在于图像，也存在于文字中。

王秋刊刻的《大全本草》，尽管从书名看，似乎不属于《证类本草》系统，但仔细察看文本，则发现其与《大观本草》完全一致。李健在版本考订工作中，就将其归为《大观本草》系列，但又同时指出《大全本草》中的图像实际是承袭自《政和本草》，并与明成化四年本之后的诸多版本完全一致[3]。

《大观本草》的图像均为大图，通常一幅图占据一页，

[1] 尚志钧.《政和本草》版本讨论 [G]// 尚志钧. 本草人生尚志钧. 本草论文集 . 北京：中国中医药出版社，2010：390-396.

[2] 同 [1].

[3] 李健 . 清以前《证类本草》版本研究 [D]. 北京：中国中医科学院，2011.

而《政和本草》的药图均为小图，并且多幅图像集中放置在一版中。王秋在制版过程中，药图翻刻自《政和本草》，无疑减少了很大一部分刻书成本，这对需要自己出资的私人刻书者而言，似乎也是合乎情理的选择。由此亦可见，一直以来《大观本草》的翻刻与传播程度远不及《政和本草》广泛，其中一个原因很可能就在于其图像皆较为精细，制版刻书难度加剧，且均为大图，占据版面较多，导致刻书成本增加（图1-4）。尽管图像在本草著作中有重要价值，但对刻书者而言，往往会在书籍呈现效果与刻书成本之间寻求一个平衡点。

图1-4　《大全本草》与《大观本草》中的菖蒲图

◇注：左为《大全本草》中的菖蒲图，三图集中于一页，右为《大观本草》中的一幅菖蒲图，一页一图。左图来源于《重修政和经史证类大全本草》，明万历五年丁丑（1577年）王秋尚义堂刊本，德国柏林国家图书馆藏；右图来源于《经史证类大观本草》，元大德六年（1302年）宗文书院本，日本永安四年（1775年）翻刻，日本国立国会图书馆藏。

以上可见，刊刻成本成为影响当时本草图像流传的一个重要因素，这也是《政和本草》版本非常多，而《大观本草》传播较少的原因之一。明代的刻本如此之多，其目的大都是由于过去雕版模糊不清而对其重刻，但在这种重刻中，并无知识上的革新，仅是一种知识传递。然而正是这种不断的翻刻传承，使得《证类本草》的图像得以广泛流传，并作为一种本草图像的重要模式，对明代乃至更晚时期的本草图像产生了深远的影响。

◎

第三节

继承：药用植物图像的模式与传统

随着商品经济的发展，明代植物与药物知识不断丰富，《证类本草》的不断刊刻并不能满足人们的需求，因此也诞生了不少全新的本草著作，其中不乏图像丰富者。而在这些著作之中，其图像模式大多为《证类本草》以全株图入画且突出根部的传统模式，并且很大一部分图像或是直接来源于《证类本草》，或是脱胎于此，在此基础上重绘。本节主要以明代出现的《本草纲目》（金陵本）与《本草蒙筌》为例，对其中药用植物图像模式的继承方式进行考察，并尝试探讨药用植物图像中这种固定图像模式的成因。

## 一、《本草纲目》对《证类本草》图像的继承

李时珍编纂的《本草纲目》自 1593 年问世起，就不断被翻刻，而在其流传过程中图像多有改易。如果仅从图像的角度考虑，据前辈学者研究，《本草纲目》可以划分为三个不同系统的图像版本，依次为 1593 年金陵胡承龙刊刻的版本（简称"金陵本"），包括在此基础之上完成的江西本、湖北本等；崇祯十三年（1640 年）武林钱蔚起的重订刊本，包括后来的吴毓昌太和堂本、芥子园重订本、书业堂重订本等；清代光绪十一年（1885 年）合肥张绍棠改绘刊刻的味古斋版本系统。[1][2]

金陵本的图像较为粗糙，由于《本草纲目》在李时珍去世之后才付梓刊行，以至于不少学者都认为其中图像是李时珍的儿子出于各种目的随意增设的[3]。钱蔚起版

[1] 赵燏黄.《本草纲目》的版本[J].中国药学杂志,1955（8）：354-357.

[2] 黄胜白、陈重明.《本草纲目》版本的讨论[J].植物分类学报,1975(4)：51-56.

[3] 宫下三郎、那琭等人均持此观点。

本对其中的图像做了比较大的修正，但基本是以金陵本为原型，在其基础上改绘，增强了图像的艺术性；清代张绍棠的版本，则是在钱蔚起版本之上，摹绘朱橚的《救荒本草》与清代吴其濬的《植物名实图考》中的图像作为插图，给本草图像版本系统流传带来了混乱，为其梳理造成障碍。笔者在此主要讨论金陵本中的图像。

从李时珍对植物的文字描述，可以得知他本人对图像是极为重视的，他在"历代诸家本草"中对历代本草图像进行了评价，指出"（《蜀本草》）图说药物形状，颇详于陶、苏也"，而"（《本草图经》）图与说异，两不相应。或有图无说，或有物失图，或说是图非"。[1]李时珍在对植物进行考证时，充分利用了《本草图经》中的图像，以下仅列举几条：

苏颂《图经》所载天麻之状，即赤箭苗之未长大者也。（草部十二卷 天麻）

苏颂《图经》所载广州者，乃是木类。又载滁州、海州者，乃是马兜铃根。治疗冷热，殊不相似，皆误图耳。（草部卷十四 木香）

按苏颂《图经》言：绛州所出芫花黄色，谓之黄芫花。其图小株，花成簇生，恐即此荛花也。（草部卷十七 荛花）[2]

除了在植物考辨上利用《本草图经》与《证类本草》中的图像，《本草纲目》（金陵本）中所绘的很多图像都直接来源于《证类本草》。

《本草纲目》（金陵本）中植物图像独立成卷，分为两卷，每页包括四至六张图，这些图像按其来源大抵可以分为三种类型：一是直接来源于《证类本草》；二

[1]李时珍.新校注本本草纲目（上）[M].刘衡如，刘山水，校注.北京：华夏出版社，2011：7，9.
[2]同[1] 510，594，834.

[1] 谢宗万 . 关于《本草纲目》附图价值的讨论 [J]. 中医杂志，1982（8）：72-74.

是受《证类本草》图像影响，在其基础上重绘；三是作者绘制的新图。谢宗万先生曾对此进行过考察，认为《本草纲目》（金陵本）仅有 98 种药图来源于《证类本草》，占全书药图的 8.7%，而其中常用药有 41 种，其余为"少用药"或是《本草纲目》中的"有名未用"类，诸如丽春草、坐拏草、紫堇、石苋、见肿消、铁线草、阴地蕨、水甘草等植物，其图像与文字皆出自《证类本草》中的外草类 [1]。笔者对其进一步考察，发现实际有很多植物尽管并非直接来源于《证类本草》，但可看出其在基本结构与构图形式等各个方面明显与之相同。《本草纲目》（金陵本）所有植物（草部和木部）共 745 种，直接来源于《证类本草》而未进行任何改动的约有 70 余种，另有 200 余种植物，尽管并非直接来源于《证类本草》，但仍可看出明显受到《证类本草》植物图像的基本结构与构图方式的影响，是从《证类本草》模仿而来的。在《证类本草》中，"果部"植物的图像多采用折枝图的方式，仅绘制局部图像，而在《本草纲目》中亦沿用了这一绘法，并且在图像基本结构上完全一致。

值得注意的是，《本草纲目》中每种植物都仅有一幅图像。而苏颂在编纂《本草图经》时，并未对图像进行考证选择，而是将所有征集图像全盘展示，将植物图像考证的工作留待后人。所以，《本草纲目》（金陵本）在征引《本草图经》中的图像时，对其进行了一番仔细的辨别、考证工作，并筛选出最准确的一幅图像。

比如"人参"一例，《本草图经》中绘制了四种人参（潞州人参、滁州人参、威胜军人参和兖州人参），但事实上仅有"潞州人参"为正品人参，即五加科的人参（*Panax ginseng C. A. Mey*），滁州人参和兖州人参为桔梗科沙参属（*Adenophora Fisch*）植物。李时珍对此进行了考证，并在其文字中记载：

宋苏颂《本草图经》所绘潞州者，三桠五叶，真人参也。其滁州者，乃沙参之苗叶。沁州、兖州者，皆荠苨之苗叶。[1]

相应的，在图像中，李时珍也对此进行了区别，其中"人参"条目的图像摹绘自李时珍所认为的正品人参——潞州人参（图1-5）；在其所绘的沙参图像中，则一定程度上承袭自滁州人参（图1-6）；而荠苨一图，则是《本草纲目》的新绘图像，并与其文字描述相符合。而李时珍此处所说"沁州人参"中的"沁州"即为宋代的威胜军，可见其在宋代的整体知识体系之上予以了更新。

[1] 李时珍.新校注本本草纲目（中）[M].刘衡如，刘山水，校注.北京：华夏出版社，2011：489.

图1-5 《本草纲目》（金陵本）人参图（左）、《政和本草》（晦明轩本）潞州人参图（右）

◇注：图像分别取自《本草纲目》（金陵本），日本东京图书馆藏本；《重修政和经史证类备急本草》蒙古定宗四年张存惠晦明轩刻本，1957年人民卫生出版社影印本，第145页。

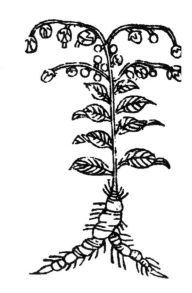

图 1-6 《本草纲目》（金陵本）沙参图（左）、《政和本草》（晦明轩本）滁州人参图（右）

◇注：图像来源同图1-5。

再如"蒲黄"和"香蒲"，在古代，蒲黄本为香蒲科植物水烛香蒲（*Typha angustifolia* L.）、东方香蒲（*Typha orientalis* Presl）或同属植物的干燥花粉，而香蒲为蒲黄之苗，但是《证类本草》将它们视为两种不同的药物，并分别绘制了相应图像。李时珍则从药用植物的角度考虑，将两者合为一条，指出"香蒲……花上黄粉名蒲黄"[1]，并且在图像上予以体现（图1-7）。

《本草纲目》对《证类本草》图像的引用，并非直接照搬《证类本草》中的图像原型，而是建立在植物考证工作基础之上的。《本草纲目》中的部分图像源自《证类本草》，但在图像蓝本的选取上，是经过考证选择的，并且能够保持文字与图像的一致，或许我们可以称其为植物图像的考证引用。

[1] 李时珍.新校注本本草纲目（下）[M].刘衡如，刘山水，校注.北京：华夏出版社，2011：925.

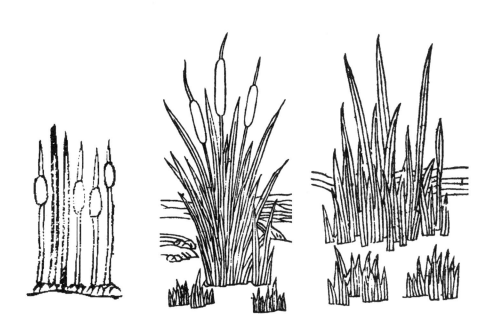

图 1-7 《本草纲目》（金陵本）香蒲、蒲黄图（左）与《政和本草》（晦明轩本）蒲黄（中）、香蒲（右）

◇注：图像来源同图 1-5。

然而，还有一些图像，尽管李时珍在文字上对植物进行了考证，但是图像上依旧沿袭了《证类本草》中的错误，比如木香，《证类本草》中对其似乎并没有明确的概念，绘制的三幅图像中，海州木香和滁州木香均为马兜铃科植物马兜铃（*Aristolochia debilis* Sieb. et Zucc），而广州木香却为木本植物；李时珍在《本草纲目》的文字中，指出了这种错误：

木香，草类也。本名蜜香，因其香气如蜜也。缘沉香中有蜜香，遂讹此为木香尔。昔人谓之青木香。后人因呼马兜铃根为青木香，乃呼此为南木香、广木香以别之。今人又呼一种蔷薇为木香，愈乱真矣。

【承曰】苏颂图经所载广州者，乃是木类。又载滁州、海州者，乃是马兜铃根。治疗冷热，殊不相似，皆误图耳。[1]

可以看出，李时珍在此对木香和沉香、马兜铃和木香、广木香和南木香、木香花（蔷薇科植物）与木香能够进行明确的区分，并且引用陈承《本草别说》之判断。可是他在绘制图像时，却沿用了《证类本草》中广州木香的图像（图1-8）。

《本草纲目》在引用《证类本草》的图像时，利用其所掌握的植物知识，对图像进行了一定的甄别与考证，从而将《证类本草》中一物多图的情况改善成了一物对应一图，但是其基本的图像模式依旧沿用了《证类本草》中的构图，并且可能由于药物种类繁多，一些地方难免出现差错。

[1] 李时珍.新校注本本草纲目（中）[M].刘衡如，刘山水，校注.北京：华夏出版社，2011：594.

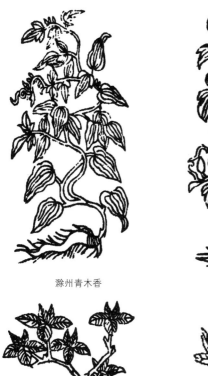

滁州青木香　　　　　　　　　海州青木香

广州木香　　　　　　　　　　木香

045

图1-8　木香图比较。从左到右，从上到下依次为《证类本草》中的滁州青木香、
海州青木香、广州木香和《本草纲目》（金陵本）中的木香

◇注：图像分别取自《重修政和经史证类备急本草》蒙古定宗四年张存惠晦明轩
刻本，1957年人民卫生出版社影印本，第159-160页；《本草纲目》（金陵本），日
本东京图书馆藏本。

## 二、《图像本草蒙筌》对《证类本草》图像的继承

《本草蒙筌》是由明代陈嘉谟编纂而成的医家启蒙读物，编纂始于明嘉靖己未年（1559年），成书于乙丑年（1565年），前后历时7年，共分为12卷。该书现存11个版本[1]。在该书早期版本中，诸如明嘉靖四十四年（1565年）刘氏刻本、明万历元年癸酉（1573年）周氏仁寿堂刻本，均无图像[2]。现存最早有图像的版本出自崇祯元年（1628年）的金陵万卷楼刻本，该版本名曰《图像本草蒙筌》，其卷首为"历代名医图姓氏"，取自熊宗立《医学源流》，共绘有人物图像14幅，每幅图像之后附有简传和图赞。而在正文中，所有条目都有增补图像。

《图像本草蒙筌》中的植物图可以分为两种类型，一种为药用植物全株图，几乎全部来源于《证类本草》，占90%以上；另一种为少量的植物局部图，对于此类局部图，将留在下一章中重点讨论。

通过对其中全株植物图像的分析，可以看出，《图像本草蒙筌》中的植物图与《证类本草》如出一辙，并且从一些图像细节特征可看出，其图像完全是在《证类草本》明成化本的各传本基础之上形成的。比如，在明成化四年本中，早期晦明轩本出现的随州麦门冬与睦州麦门冬图文相混淆的错误已被改正，而在《图像本草蒙筌》中麦门冬图则延续了明成化四年本的改动（图1-9）。再如，菊花一图，在晦明轩本中没有注明来源地，而在明成化四年本中补为"齐州菊花"，此书此处则与明成化

[1] 薛清录. 中国中医古籍总目[M]. 上海：上海辞书出版社，2009：201.

[2] 笔者核实了藏于日本国立国会图书馆的刘氏刻本和藏于北京大学图书馆的周氏仁寿堂刻本，两者均无图像。

睦州麦门冬（晦明轩本）　　　　　睦州麦门冬（成化四年本）　　　　　睦州麦门冬
　　　　　　　　　　　　　　　　　　　　　　　　　　　　　　　　（《图像本草蒙筌》）

随州麦门冬（晦明轩本）　　　　　随州麦门冬（成化四年本）　　　　　随州麦门冬
　　　　　　　　　　　　　　　　　　　　　　　　　　　　　　　　（《图像本草蒙筌》）

图 1-9　麦门冬图比较

◇注：图像分别取自《证类本草》蒙古定宗四年张存惠晦明轩刻本，1957 年人民
卫生出版社影印本，第 156 页；《证类本草》明成化四年本，日本国立图书馆藏本；《图
像本草蒙筌》，日本早稻田大学图书馆藏本崇祯元年刘孔敦增补图像版，卷一。

047

四年本一致。

《证类本草》中均注有图像来源地，《图像本草蒙筌》中对此进行了照录。然而明代的行政区域及地名已经与宋代时发生了很大变化，但是《图像本草蒙筌》依旧沿用了《证类本草》中的地名。比如，荆门军、兴元府等地名在明代已经不存在，但《图像本草蒙筌》并未做任何更改，甚至由于刊刻过程中字迹辨认问题而出现了一些错误，比如将"石州狼毒"误刻为"右州狼毒"。可见编纂者在对《证类本草》的图像征引时，并未对图像进行细致的研究，仅是将《证类本草》的图像重录于《图像本草蒙筌》之中。

在《图像本草蒙筌》中，每种植物的图像均为一至二幅，而《证类本草》中有很多植物都有两幅以上的图像，那么《图像本草蒙筌》在处理这个问题时，是如何对《证类本草》中的图像进行选择的呢？笔者考察了《图像本草蒙筌》中的很多植物图像，并未发现其图像选择的规律。通常都是随意选取两幅图像，并未对图像的准确性进行考证，从而导致图文内容在很多地方并不一致。比如，"人参"一条，其文字描述中引用《高丽志》的说法"三桠五叶……种类略殊，形色不一"，并提及诸多品种，如生于潞州紫团山的紫团参、百济国的白条参、上党黄参、高丽参、新罗参、独黄参，然而在选取图像时，却依旧用了《证类本草》中的潞州人参和威胜军人参两幅图，而其中的威胜军人参还不是正品人参（图1-10）。

如前所述，早期各版本的《本草蒙筌》中并没有图像，图像系建阳刘孔敦在1628年所增补。值得注意的一个细

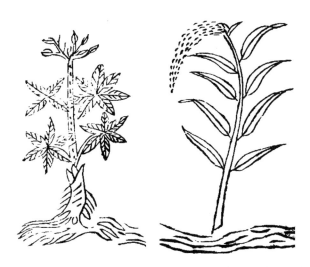

图1-10 《图像本草蒙筌》中的潞州人参图（左）和威胜军人参图（右）

◇注：图像取自《图像本草蒙筌》，日本早稻田大学图书馆藏崇祯元年（1628年）刘孔敦增补图像版，卷一。

049

节是，在较早版本的《本草蒙筌》中，陈嘉谟在自序中讲到"其义增前，其文减旧"[1]，并未提及图像的绘制，而在 1628 年增补的《图像本草蒙筌》中，其自序中此处被改为了"其义增补，绘刊图像"[2]。王重民、那琦在考察《图像本草蒙筌》时也分别提及"谓原本品物无图，此本各增一图"[3][4]，亦可作为早期并无图像的佐证。那么为何后来的原著的序言会出现变化呢？这需要考虑晚明的版刻环境。晚明时期版刻图像盛行，图像是提高书籍卖点的一个重要途径。刘叶秋等在介绍"绣像小说"时提及，当时有不少书本身并没有图，但伪称有图，借此招徕读者，以提高书籍的市场竞争力[5]。刘世德在研究《三国志演义》时，亦提及晚明时期增补图像的问题，指出有图像与无图像，分

[1] 陈嘉谟. 本草蒙筌 [M]. 周氏仁寿堂本. 上海：上海中医学院图书馆，1573（明万历元年）.

[2] 陈嘉谟. 图像本草蒙筌 [M]. 刘孔敦增补本. 东京：日本早稻田大学图书馆，1628（明崇祯元年）.

[3] 王重民. 中国善本书提要：子部 [M]. 上海：上海古籍出版社，1983：258.

[4] 那琦. 美国国会图书馆所藏本草之版本考察 [J]. 中国医药学院研究年报，1971（2）：273-298.

[5] 刘叶秋，朱一玄，张守谦，等主编. 中国古典小说大辞典 [M]. 石家庄：河北人民出版社，1998：114.

[1] 刘世德.三国志演义作者与版本考论 [M].北京：中华书局，2010：131.

[2] 元代《饮膳正要》中亦有植物图，其中部分图像仿绘自《证类本草》；在英国亨特博物馆和法国国家图书馆、第戎图书馆等地藏有一些中国的彩绘本草图，可判断其绘制原型来自《证类本草》。

别适应了不同阶层、不同文化的读者需要，从无图像到有图像的转变，显然扩大了读者范围，扩大了销路[1]。此处《图像本草蒙筌》中对图像的增补应与之类似，亦是当时书籍市场整体风气的一个写照。

为《本草蒙筌》增补图像的刘孔敦是明代刻书世家刘龙田之子，而在刘氏家族中刻书以子部书籍为主，其中又以医书最为盛。刘孔敦还刊刻有《太医院手授经验百效内科全书》等医书。尽管以医书为主要内容的刊刻工作，可能使刘孔敦具备了一定的医药知识，但既然其增补图像的目的在于提高书籍销量，那么植物图像是否足够准确，自然不是刻书人关注的重点，他们所关心的是如何吸引读者的目光，扩大书籍的销售量和影响力，因此才将《证类本草》中的图像移植到了《图像本草蒙筌》之中；而在卷首还增加了完全不相关的熊宗立的《医药源流图》，亦是出于同样的目的。

## 三、版刻植物图像的一般模式及传统束缚

《本草纲目》（金陵本）和《图像本草蒙筌》可以算作是《证类本草》图像在流传过程中的两个代表，当然《证类本草》图像模式的影响绝非仅此而已，后来很多本草图像都沿用了这种模式，甚至在晚清，一些流传至国外的本草图像，依然可以看出是出自《证类本草》的图像模式[2]。此外，还有很多本草图像，尽管没有直接复制《证类本草》的图像，但其基本的绘图模式依旧是

如《证类本草》一样，以植物全株图入画，突出植物根部，这种模式占据了中国古代本草图像模式的主导地位。那么为何在本草著作之中，版刻植物图像一直都遵循着这样的传统模式而罕见其他形制的图像呢？笔者以为，对这种本草图像模式起到决定作用的是编纂本草时的组织者以及后来本草刊刻过程中刊刻的组织者。

首先，就编纂本草的学者、士人阶层而言，他们在编纂过程中，始终局限在本草传统之中，深受历代整体本草学学术传统的影响。廖育群曾指出，中医作为一种传统的东西，其所具备的一个特点就是"从其诞生伊始，就是一个成熟的'完成体'，因而对于后人来说，只需继承发扬，只需殚精竭虑地去理解古代睿智圣贤的微言大义"[1]。的确，在中医知识体系之中，一直有着厚古薄今、不改经典的传统。本草学是中医药体系的一部分，因此这种特点也表现得极为突出，后世本草著作基本都是在前人著作的基础之上不断考证修订而形成的。对于本草图像而言，《本草图经》作为最早的版刻本草图像模式，已经建立了一个臻于成熟的体系。后人在编纂本草的工作中，对图像采用了与文字相同的处理方法——多数仅是对其继承，在必要的时候予以考订。而在这种考订的过程中，可能会使用到求诸自然的观察、实践等手段，然而其最终目的依然会回归到文献的考订上去，并进行一些修补工作，比如《本草纲目》中的图像就是如此。图像上的考订修补，同文字一样，有进步之处，也有很多地方在传承过程中难免出错。因此，只要处在本草学的传统范式之下，就很难跳出这种既成的图像传统。

[1] 廖育群. 中国传统医学中的"传统"与"革命"[J]. 传统文化与现代化, 1999（1）: 85-92.

[1] 苏颂. 本草图经 [M]. 尚志钧. 辑校. 合肥: 安徽科学技术出版社, 1994: 1.

[2] 郑樵. 通志二十略: 图谱略 [M]. 王树民, 点校. 北京: 中华书局, 1995: 1825.

版刻本草图像中，为何会形成这种比较关注植物整体轮廓而不太注重细节的传统呢？可以注意到，无论是《本草图经》和《新修本草》的"图以载其形色，经以释其同异"[1]，还是郑樵的"虫鱼之形，草木之状，非图无以别"[2]，其目的都是为了"辨别诸药"。因此，在本草之中，植物图像的功能在更大程度上相当于对文字的一种注解，可以等同于植物诸多命名中的一种。对本草植物图像来说，只要能辨别出为何物，其目的便已经达到。相反，宋元时期的一些画谱，比如宋伯仁的《梅花喜神谱》、李衎的《竹谱》等，却能够准确地绘制并描述植物的二级器官结构，甚至形成特定的二级结构的术语。另外，在本草著作中，即便是动物用药，仅以动物器官入药时，图像仍然绘制成动物的整体轮廓。相反，在李石的《司牧安骥集》，喻本元、喻本亨的《元亨绘图疗牛马全集》等兽医、畜牧著作，却能够绘制出较为精细的动物图像，甚至局部的动物图解。因此，一定程度上讲，这种图像的差异，亦是不同领域学术传统与图像目的差异的一种反映。而中国古代本草学的发展，一直都处在辨别名物这种学术传统之下，导致中国古代的本草图像始终无法突破。

从组织刊刻者的角度讲，当时处于图像盛行的时代，为了提高书籍在市场上的竞争力，提高销量，刻书者自然会有为书籍增补图像的想法。然而这些组织刊刻的刻书人，往往并不具备足够的植物知识，因此，他们所做的工作大多都是像《图像本草蒙筌》中的图像增补那样进行直接简单的图像移植，并不会有知识上的创新，更遑论对图像模式的变革。

◎ 第四节

药式：晚明本草图像粗糙化探析

明代作为版刻技术最为繁盛的时代，涌现了许多优秀的小说插图、画谱等，其图像极为精美。而在植物图像领域，尽管一直声称"图以肖其形"，但当时不仅优秀的植物图像不多见，还出现了许多线条极为粗糙的图像，这些图像，在以往的研究中往往被忽视，或仅是被提及图像刊刻质量较差，因此略过。但在植物图像史上，同一时段集中出现了此类质量粗糙的图像，连对后世影响极大的《本草纲目》亦不能幸免，使得我们无法回避这个问题。因此，本节将以嘉靖、万历年间出现的《太乙仙制本草药性大全》（以下简称"《仙制本草》"）[1]、《鼎雕徽郡原板合并大观本草炮制》（以下简称"《本草炮制》"）以及《本草纲目》为核心，来讨论在版刻盛世下出现粗糙植物图像的这一历史悖论。

## 一、《仙制本草》图像与"药式"

《仙制本草》托以雷公之名，实由王文洁编纂汇校，陈孙安出版梓行。其草部卷一首页刻录：

先师太乙仙人雷雷公[2]炮制

后学江人冰鉴（**水鑑**）王文洁汇校

书林积善堂少湖陈孙安梓行[3]

卷末刻有"万历壬午岁孟秋陈氏积善堂梓行"，可见此版完成于万历壬午年（1582年）秋天。

[1]郑金生撰文对此书中国中医科学院藏本进行了概述，将其简称为《仙制药性》，笔者在此据日本东京博物馆藏本扉页刻字将其简称为《仙制本草》。据郑金生之文对中国中医科学院藏本的描述，中国中医科学院藏本与日本东京博物馆藏本相同，但缺少首页的《历代名医图》以及卷首的《用药规范》和《药性提纲》。郑的概述详见其文——郑金生.王文洁《太乙仙制本草药性大全》内容及写作特点浅析[J].时珍国医国药，2001（2）：171-172.

[2]此处原版中多刻一字，第二卷卷首则为"雷公"。

[3]王文洁.太乙仙制本草药性大全[M].东京：日本东京博物馆，1582（明万历十年）.

《仙制本草》开篇为"十三代名医图像"，延续了明代诸多本草著作中医史源流介绍的特点，其后为目录，再是卷首。从卷首开始，页面分作上、下两层。卷首上层介绍用药规范，下层为药性提纲。从卷一开始，介绍各种药用动植物，依次分为草、木、果、米谷、菜、人、金玉、石、土水、兽、禽、虫、鱼几类，共由8卷组成，其内容主要为撷取前人本草中的内容精要，分作"本草精要"和"仙制药性"两部分（上、下两层）。对植物的形态描述及图像主要位于上层"本草精要"中，下层仅有少量图像，其版式见图（图1-11）。

图1-11 《仙制本草》版式图

该书共有植物图像601幅，图像绘制尽管延续了本草图的传统范式，但线条较为粗糙。其中图像来源可分为两类：一些图像可以明显看出承袭自《证类本草》，比如人参一图就仿绘自《证类本草》中的兖州人参；而另一些图像，则为作者自己所绘的示意图。尽管绘图和刻工都非常粗糙，但一些图像依然能反映出植物的最典型特征，比如谷精草一图，对其"花葶多数"的特征描绘得非常准确，而在其他本草著作，无论是《证类本草》还是《本草纲目》中，对于谷精草的绘制都不及此准确（图1-12）。当然，也有一些图像出现了绘制错误。

《仙制本草》中的图像，尽管粗糙，但并非是随意添加的，它们或是有所本，或是能够真实反映植物的状况，并且其图像与文字基本都互为印证。比如紫参一图，其文字如此描述：

苗长一二尺，根淡紫色，有如地黄状，茎青而细，叶亦青，似槐叶，亦有似羊蹄者，五月开花白，似葱花，亦有红紫而

图1-12 《仙制本草》中的谷精草图像示例

似水荭者，根皮紫黑，肉红白色，肉浅而皮深。

而其图像正是对文字描述的回应，尽管从今日植物学视角看，其图像并不准确。其图像由三部分组成，左上角突出根部，左下角为"似槐叶"的一种类型，右边则为似羊蹄的叶形，并且开花如葱花。其文字与图像是完全吻合的（图1–13）。

再如景天草一条，文中描述：

生太行山谷中，今南比皆有之，人家多种于中庭，或以盆盛，植于屋上，云以辟火，谓之慎火草，春生苗叶似马齿而大，作层而上，茎极脆弱，夏中开红紫碎花，秋后枯死，亦有宿根者。

而在对应的图像中，则如文字所述，置于盆中种植，形态描述上亦能对应（图1–14）。

值得注意的是，在一些植物图像之前，作者注有"药式"二字（图1–15）。"药式"一词最早见诸13世纪初张元素的医学著作中。张元素在其著作《脏腑标本药式》中，根据五脏六腑的不同主病，分述与其相适应的各种用药法则，对于每一种法则均记述其所治疗症候及其所用药物的主要功效，文字相当凝练，故而称之为"药式"。[1]后来李时珍将其载入《本草纲目》卷一的《脏腑虚实标本用药式》之中[2]，可见此处"药式"等同于"用药式"。然而《仙制本草》中的"药式"显然与张元素所用之意有所不同，此处极有可能表示这些图像均为"药物样式图"之意。

从其图像中可以看出，很多植物显然是将植物的典型特征抽象出来进行绘制的，比如前述的麦门冬就抽象出了根部膨大部分与总状花序，而车前草亦抽象出叶片形状与

[1] 郑洪新.张元素医学全书[M].北京：中国中医药出版社，2006：77.

[2] 李经纬，邓铁涛，等主编.中医大辞典[M].北京：人民卫生出版社，1995：1276.

图 1-13 《仙制本草》紫参图　　　图 1-14 《仙制本草》景天草图

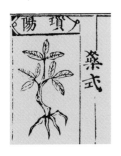

图 1-15 《仙制本草》药式示例

◇注：图 1-11 至图 1-15 均取自日本东京博物馆藏《太乙仙制本草药性大全》。

穗状花序（尽管叶脉绘制并不准确），艾叶等菊科植物的叶形也都表现明显，薏苡等单子叶植物的叶形均用线条示出，马兜铃科植物的叶形也表现得比较突出，因此这种药式图很可能就是表明其中图像用示意图来表达的意思。

《仙制本草》的汇校者为王文洁，号无为子。王文洁还著有《太素张神仙脉诀玄微纲领统宗》《王氏秘传图注八十一难经评林捷径统宗》《王氏秘传叔和图注释义脉诀评林捷径统宗》等，从其字号及著作名称，可以看出王氏很可能和道教有渊源，而在历史上道家本身就比较重视图像[1]。其后两部著作均明确提及"图注"二字，可见其中必定有大量图像，因此王文洁本身是对图像比较重视的。尽管《仙制本草》中的图像粗糙，但并非随意为之。

## 二、《本草炮制》中的示意图

《本草炮制》由徐三友校正，郑世魁刊行。现存两个残本，一个藏于日本国立国会图书馆，残存1、2、5、6卷，另一个藏于德国柏林图书馆，残存1、2、3卷。日本所存残卷的卷末题有"万历癸卯春月书林宝善堂郑云斋绣梓"，可知其刊刻的时间为1603年[2]。

该书的基本形制是在介绍每种植物时，先绘制其形状，然后介绍植物的性味、辨名，再以"歌曰"为始，用一首歌赋来讲述其功效，随后再以"雷公云"的方式介绍基本的用药规范。而这些文字内容与当时的《补遗

草木花实敷——明代植物图像导芳

[1]李鸿祥.图像与存在[M].上海：上海书店出版社，2011：66.

[2]柏林图书馆藏本后两卷已遗失，所以并无确切日期，但柏林图书馆录为1573年，笔者致函咨询后答复其出版年据徐绍锦校正、郑云斋梓行《断易天机》的时间推度。然而徐三友与郑世魁合刻有日用类书《新锲全补天下四民利用便观五车拔锦》，则是在万历二十七年（1599年），而徐二友还校有《鼎雕铜人脸穴针灸图经》，则是在1603年。而郑世魁则以刊刻《三国演义》而闻名（1590年）。据建阳博物馆保存的郑世魁墓志铭《明处士云斋郑公暨詹孺人合葬墓志铭》，郑世魁生于嘉靖乙巳年（1545年），卒于万历壬寅年（1602年）[参考：刘世德.《三国志演义》四郑刊本试论[M]//中国社会科学院文史哲学部集刊（2008）：文学卷.北京：社会科学文献出版社，2009：80.]。但可看出郑世魁与徐三友的刻书盛年都集中在1590年之后，因此，笔者以为柏林图书馆对该书刊刻年代的推度并不可靠。笔者对两个残本共有的1、2卷进行比对后，发现这两个版本实际完全相同，故而其梓刻年代极有可能就是在1603年。而《本草炮制》的刊刻可能一直延续到郑世魁去世才完工，故而刊刻时间在其去世时间之后，也是合理的。

雷公炮制便览》（宫廷写本）内容完全一致，仅是调整了个别药物顺序，考虑到宫廷写本并未得到广泛流传，身在闽省的徐三友很难看到[1]，其参考的更可能是俞汝溪所撰的《补遗雷公炮制便览》[2]，而在俞汝溪的书中，并没有图像，因此图像应该为徐三友增补。

对《本草炮制》中的图像进行考察，可以发现其与《仙制本草》中的图像基本一致，依旧沿用了这种程式化的药式图来描述植物的形状，可见当时这种程式化的药式图流传比较广泛（图1-16）。

因此，徐三友校正此书，很大程度上仅是将俞汝溪的《补遗雷公炮制便览》中的文字与王文洁的《仙制本草》中的图像合刊在一起。该书内页题为《京本本草炮制》，而郑振铎曾指出，以"京本"二字为标榜，是闽中书贾之特色，闽刻本多标榜"京本"的根本原因在于"其作用大约不外于表明这部书并不是乡土的产物，而是'京国'传来的善本名作，以期广引顾客的罢"[3]。故而，《本草炮制》的文字底本虽来源于俞汝溪编纂、金陵唐山桥刊刻的《补遗雷公炮制便览》，但却是由福建省建云斋刊刻而成，故而其刊刻质量依旧如传统的闽刻本那般，远不及唐少桥所刊刻的质量。

[1] 现存本直至近年才被发现，可见该书当时流传并不广泛。

[2] 俞汝溪著《补遗雷公炮制便览》藏于牛津大学博德利图书馆（Bodleian Library），为海内外孤本，全书五卷，残存第一卷部分内容，明万历己丑（1589年）金陵书林唐少桥刊本，封面题名"补遗药性歌诀雷公炮制大全"，并且据其序言，最初《新刊雷公炮制便览》应在嘉靖十二年（1533年）刊印。

[3] 郑振铎.明清二代的平话集：京本通俗小说[M]//西谛书话.北京：生活·读书·新知三联书店，2005：107.

## 三、《本草纲目》从金陵本到钱蔚起本

《本草纲目》金陵本中的图像除了部分直接或间接来源于《证类本草》，还有很大一部分图像为新绘图像，

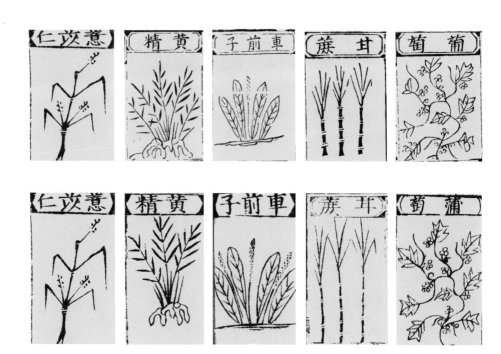

图1-16 《本草炮制》（上）与《仙制本草》（下）图示对比
◇注：图像分别取自《本草炮制》德国柏林国家图书馆藏本和《仙制本草》日本东京博物馆藏本。

[1]NAPPI C. The monkey and the inkpot: natural history and its transformations in early modern China[M]. Cambridge: Harvard University Press, 2009: 18.

[2] 谢宗万先生亦持此观点，并提及一些图像。参考：谢宗万.关于《本草纲目》附图价值的探讨[J].中医杂志,1982(8):72-74.

但这些新绘图像刻工非常拙劣。在金陵本附图卷首题有"府学生男李建元图"，加之图像的艺术水平和《本草纲目》的文字内容完全不在一个水准，故而西方学者那蕸认为李时珍本身无意为其书添加图像，推测可能是他的儿子为了市场销量，或者是为了在各方面均胜过其他同类著作而为之[1]。虽然《本草纲目》中的很多图像非常粗糙，但还是比较准确的，并且图像与文字的配合程度较高，因此很有可能受药式图风格的影响。

首先，其中很多图像虽为示意图，但对植物的典型特征都描述得比较到位[2]。比如"山慈菇"一图，清楚

草木花实敷——明代植物图像寻芳

060

地突出了其伞房花序和平行叶脉；再如车前草的两个特征性标志即穗状花序和平行叶脉亦很清楚地被绘出；而天南星科植物虎掌天南星的佛焰花序亦表现得比较明显。再如，"知母"一图，尽管其图像粗糙，但仍可见叶似韭和穗状花序的特征。当然，其中也不乏一些错误的图示，比如"玉蜀黍"一图，就将玉米的雌蕊与雄蕊颠倒，"紫荆"一图，其特征也表现得并不明显。

其次，除了大部分示意图能够准确地描绘植物形状外，在金陵本之中，我们能够看到其图像与文字之间的一致性。比如在介绍"壶卢"时，李时珍在文本"释名"中详细分析了各种名物的对应状况及名称流变，并指出：

后世以长如越瓜首尾如一者为瓠，瓠之一头有腹长柄者为悬瓠，无柄而圆大形扁者为匏，匏之有短柄大腹者为壶，壶之细腰者为蒲卢，各分名色，迥异于古。……悬瓠，今人所谓茶酒瓢者是也。[1]

而在对应的图像中，分别绘制了匏、瓢（悬壶）、蒲卢、瓠（图1-17）。

再如，对于柴胡，李时珍在正文中提道："其苗有如韭叶者、竹叶者，以竹叶为胜者。"而其对应的图像中，亦分别绘出了伞形科的韭叶柴胡（*Bupleurum chinense* DC.）和竹叶柴胡（*Bupleurum marginatum*）两种（图1-18）。

另外，在金陵本的图像中，有很多图注文字，这些图注通常与文本内容描述有所关联。其中一些图注标明了植物的别名，诸如"远志"图像中注明"小草"，"王孙"图像中注明"牡蒙"，"曲节草"图像中注明"六月霜"，

[1]李时珍.新校注本本草纲目（中）[M].刘衡如，刘山水，校注.北京：华夏出版社，2011：1136.

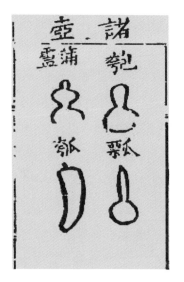

图1-17 《本草纲目》（金陵本）壶卢诸图

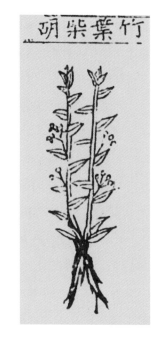

图1-18 《本草纲目》（金陵本）柴胡图

◇注：图1-17、图1-18的图像取自《本草纲目》日本东京图书馆藏本。

"鸭跖草"图像中注明"竹叶菜","酸浆"图像中注明"灯笼草"等，这都与文字描述内容一致；而在一部分直接引用自《证类本草》的图像中，金陵本亦用图注标明了植物产地与来源。

因此，可以看出，尽管《本草纲目》金陵本图像线条比较粗糙，刻工比较拙劣，但是大部分植物图像都能与文字紧密结合，用药式图的模式来表达出了植物的典型特征。在此必须指出的是，并非所有图像都能做到图文紧密配合，其图像在准确度上呈现出多元化的特点，其中亦有很多图像并不准确。

明崇祯十三年（1640 年），钱蔚起对《本草纲目》进行了重订。据邬家林、郑金生的考证，钱蔚起对金陵本中的 259 幅图像进行了润色，导致部分图像失真，增减药物数目的占到 69%，而出现错误的占 7%，可见《本草纲目》钱蔚起本图像改动之大[1]。

在钱蔚起本中，图卷首页第一图"金水"图上刻有"武林陆喆写"字样，而第二图"金山"图上，有"武林项南洲刊"字样，故而可知此本中钱蔚起专门聘请了画师与刻工进行图像的制作，其药图为陆喆绘制，刻板由项南洲刊刻而成。由于有专门的画师制图，其图像的艺术性增强了很多，而项南洲则为明末清初时期的著名刻工，故而该版本的刊刻质量明显优于早期的版本。然而，图像的质量是由其准确性和艺术性共同决定的。该版本的图像尽管看似精美，但在准确性上却严重失真；不过由于其刻工细致、药图精美，反而取代了当时流传较广的江西本和湖北本，在清代前期得以广泛流传。

[1] 邬家林，郑金生.《本草纲目》图版的讨论 [J]. 中药通报，1981（4）：9-11.

## 四、图像粗糙化原因探析

晚明时期，特别是万历年间，很多本草图像质量都极为粗糙，大都是以极其简化的药式图的形式呈现，不过这些图像却大多能够与当时本草学者所撰写的文本内容相吻合。这种局面的出现，很多时候，我们都简单地将其归为"刻工粗糙"，但是实际在这种刻工粗糙的背后，有其更深层次的原因。

### 1. 学术传统

尽管当时版刻药用植物图像非常粗糙，但是其中很多图像都并非编纂者随意添加的，而且不少图像都能够抓住植物的典型特征，将其通过药式图的形式展现出来。之所以会如此，应与当时医药界封闭的学术传统有所关联。

中医在传播过程中，主要是采取"祖传家授"的方式，有着极强的封闭性和保密性，以致公开传授者，往往会受到极高赞誉，比如《本草蒙筌》序言称道陈嘉谟"先生嘉惠后学之心盛矣，岂惟以训二三子，须以公诸人人可也"[1]，薛己也被赞为"薛君以名医致身，不自秘而以示人，将欲致人人于名医"[2]。而这种称道，恰恰反映了当时医界、药界普遍是较为封闭的情况。因此，这种药式图很可能就是在这种封闭传统下诞生的。

只有对本草足够熟悉时，才能读懂这些符号化的药式图。这些图像对编纂者而言，并非要鉴定完全陌生的植物，更大程度上仅是在"名"与"物"都很熟悉的对

[1] 陈嘉谟. 本草蒙筌 [M]. 王淑民，陈湘萍，周超凡，点校. 北京：人民卫生出版社，1988：11.

[2] 薛己. 薛氏医案 [M]. 慧芳，伊广谦，校注. 北京：中国中医药出版社，1997：923.

象之间，将其对应起来。

对于不具备足够知识的初学者而言，这些药式图则必须有人教授，但是一旦掌握其要领，这种图示化的符号反而更易识记。因为这些图像抽提出了植物最典型的特征，就像《本草纲目》中的那几张葫芦图，更便于直观地记住植物的典型特征。在《本草炮制》这部著作中，其部分文字就是描述药物性味的歌诀，歌诀的目的就是在于易于诵读；而药式图很可能就类似于此类描述药性的歌诀，其目的则是使人便于记住植物形态。

因此，此类药式图有可能是当时相对封闭的本草体系之下，行业领域内部师徒之间传授知识时的教学用书，其目的不在于植物知识的革新与发展，而在于内部的知识传播。

### 2.图像制作中知识的分离

如果说从学术传统的角度考虑，他们主动选择了药式图来表达植物形态，那么考虑图像制作的环节，在当时的环境下可能也不得不选择药式图的方式。对于编纂本草著作的学者士人而言，他们充分掌握着植物形态认知的相关知识，但他们却并非都是画技高超的画者，在制图过程中只能力求图像的准确性，却无法表现图像的艺术性。准确性固然重要，但在无法展现植物细节特征的情况下，若要用图像对植物进行鉴别，对于没有充分植物知识的读者而言，几乎是不可能实现的。因此，由学者士人亲自绘制的图像，在植物辨识上很难发挥作用。

值得注意的是，晚明的本草植物图像，直至钱蔚起版本的《本草纲目》出现前，几乎没有专业的画师、画工参与其中。植物图像本该在鉴定植物中发挥作用，但组织刻书的书商可能根本未意识到这种图像的特殊性，只是将其等同于普通的绘本插图。从书商角度考虑，如果专门聘请画师，势必会增加成本，并且一般本草书中，图像体例庞大，耗资更巨。而按照晚明时期图像绘本的流行情况来看，在书商的意识中，绘本大多都是针对较低层次的读者的[1]，如果增加成本，书的价格自然也会提升，其所预设的读者将更加阅读不起。从画者的角度而言，明清时期的主流绘画是文人画，而传统本草图像实际上属于版刻图像的一种。陈琦指出版刻图像实际始终游离于中国绘画系统之外，绘画一直属于形而上的精神产物，版刻则是形而下的传播媒介，重在一丝不苟的摹刻与复制，因此版画并未能纳入传统文人画家的视野之中[2]。因此，鲜有专业画者参与到"缺乏创造性"的本草图的制作中。

对刻工而言，他们在本草图像的制作过程中，往往是最不具备植物知识的群体，他们的主要任务是根据提供的画稿，进行雕版复制。由于相关知识的匮乏，在刊刻过程中时常会出现各种刻板的错误。

编纂本草的士人学者、长于绘画的专业画师以及技艺精湛的刻工之间的分离，是造成图像粗糙化的主要原因。在知识传承与成本利益的权衡之下，版刻植物图像也不得不以药式图的方式来表达。

[1] 柯律格.明代的图像与视觉性[M].黄晓鹃，译.北京：北京大学出版社，2011：37.

[2] 陈琦.刀刻圣手与绘画巨匠——20世纪前中西版画形态比较研究[D].南京：南京艺术学院，2006：125-126.

### 3. 迎合读者

《仙制本草》和《本草炮制》中的图文分栏等版面设计，可看出此类图像粗糙的本草书籍与晚明较为普遍的日用类书的形制颇为类似。日用类书多流行于民间，其阅读者多为普通市井民众，也就是说此类本草书籍也有可能是针对普通民众的日常参考用书。如前所述，晚明时期处于视觉性思维发达的时代，图像和清晰的编排格式正是出版商为适应当时的时代潮流的表现。因此在当时图像媒介流行的时代，倘若不以图像取胜，则很难在市场上生存[1]。另外，图示或插图等视觉性的设计，有助于使用者检索翻阅，迅速找到需要参考的项目[2]。而日用类书中的图像，很多都较为粗糙，这是出于成本与销量之间的权衡，即考虑普通百姓的购买能力，从而减少了在图像制作上的成本投入。

[1] 柯律格. 明代的图像与视觉性 [M]. 黄晓鹃，译. 北京：北京大学出版社，2011：37.

[2] 王正华. 生活、知识与文化商品：晚明福建版"日用类书"与其书画门 [J]. 台湾研究院近代史研究集刊，2003（41）：16.

第二章

革命与保守中的药材图：以《本草原始》为中心

[1] UNSCHULD P U. Medicine in China: historical artifacts and images [J]. prestel. 2000: 103. 转引自: STERCKX R. The limits of illustration: animalia and pharmacopeia from Guo Pu to Bencao Gangmu [J]. Asian Medicine, 2007, 4（2）: 379.

[2] 邱仲麟. 明代的药材流通与药品价格 [J]. 中国社会历史评论, 2008（0）: 195-213.

[3] 安娜·帕福德. 植物的故事 [M]. 周继岚, 刘路明, 译. 北京: 生活·读书·新知三联书店, 2008.

[4] 李约瑟. 中国科学技术史: 第六卷 生物学及相关技术: 第一分册 植物学 [M]. 袁以苇, 万金荣, 陈重明, 等译. 北京: 科学出版社, 2008: 273.

在中国，从汉代到晚清时期，变化总是在体系之内，而体系本身却从未发生变化。[1]

——文树德（Paul Ulrich Unschuld）

上一章谈到在本草学传统范式之下，形成了以《本草图经》图像为模板的全株植物图像模式。而对这种传统图像模式的突破，则有赖于其他相关领域的发展与刺激，药材行业便是其一。随着明代商品经济的日益蓬勃，药材商业化的趋势亦相当明显。为了满足市场需求，专业的药材种植者比比皆是，城市中药铺、药肆也开设极多，药材的市场流通极为活跃[2]。由于药材行业有利可图，也使得药材造假的现象极为常见，因此鉴定药材真伪成了一大问题。正是这种药业兴盛的环境，催生了以局部图和剖面图为主体的药材图像，开启了一种全新的植物图像模式。

早期西方与中国有着类似的植物图像传统，很少直接求诸自然，最终致使在图像不断复制中日渐形变，价值并不大[3]，但后来西方植物图像冲破了传统的束缚，形成真正意义上的植物科学画。而出现在中国明代的这种局部图与剖面图，从形式上看，亦是以往传统本草植物图像模式的一种重大突破。李约瑟也指出，这种图像与欧洲植物图像的发展有类似现象[4]。那么在历史的长河中，何种因素促成当时的学者士人绘制出此类图像？这类图像经历了怎样的传承与变化？在中国古代的植物知识积累与植物认知过程中，这类图像又会起到怎样的作用？这种不同于传统本草图像的药材图，能否算作植物图像的一种真正意义上的革命？

◎ 第一节

革命：李中立与《本草原始》

在《证类本草》中，就存在一些图像仅是绘制了植株的其中一部分，大多为高大木本植物的枝叶。宋代诞生的这类图像多是受到艺术绘画，特别是花鸟画中"折枝画"[1]的影响，仅是截取部分枝条，在画面之中予以展现。这种类型的植物绘画，有利于突出植物的局部特征，然而在传统本草图像中，此类图像仅占据了极其微小的部分，不足以产生影响。至晚明万历年间，由河南杞县李中立所编绘的《本草原始》才从形态上彻底颠覆了传统本草的模式，其所绘植物图像的着墨点在于局部图像的展示与植物剖面结构的表现。

## 一、李中立有"偏至之能"

李中立，字正宇[2]，明代雍丘（今河南杞县）人，其生平史料记载很少，唯一可以确定的是《杞县志》中记载的"李中立，《本草原始》，十二卷"[3]。不过，我们可以尝试从罗文英[4]与马应龙[5]为《本草原始》所做的序言中对其生平进行推测。罗文英的序题于万历四十年（1612年），可见《本草原始》最晚成书于此时。按照马应龙在序言中所提"宰杞时，得李君中立氏，年幼而资敏，多才艺"[6]，可见其与李中立相识是在自己在杞县担任知县时，也就是1592年至1598年之间[7]。此时李中立尚青年，并聪颖多才。至万历四十年罗文英为该书作序时，李中立正值壮年。而《杞县志》另有记载，"李中立，万历四十年壬子科中举人，字回澜"[8]，据此，如

[1] 折枝画形成于唐代，经过五代的发展，至宋代时发展成为花鸟画的一种主要形式。它讲究在画花卉的时候，不画完整的一株植物，而是选择其中一支或者若干小枝如画，或者选择一截从树木上折下的断枝单独入画。

[2] 在不少史料与文献中都提及李中立另一字士强，为李中梓的兄弟。实际混淆了上海与其同名的一位李中立。关于此问题，郑金生先生已经进行了详细考辨。参考：郑金生.李中立及《本草原始》的考察[J].中华医史杂志，1987（17-1）：32-34.

[3] 杞县志·卷之二十四 叙录志[M].台北：成文出版社有限公司，1976：1634.

[4] 罗文英，字剑翀，杞县人，祖籍江西丰城。万历三十五年（1607年）丁未科中进士，授官中书舍人，擢升为监察御史。

[5] 马应龙，字伯光，山东安丘县（今安丘市）人，明万历二十年（1592年）进士，同年授官杞县知县，后调京任礼部主事，又升任礼部郎中，著有《杞乘》《艺林钩微录》等。

[6] 李中立.本草原始[M].郑金生，汪惟刚，杨梅香，整理.北京：人民卫生出版社，2007：3.

[7] 杞县志：卷之九 职官志[M].台北：成文出版社有限公司，1976：517.

[8] 杞县志：卷之十 选举志[M].台北：成文出版社有限公司，1976：650.

草木花实敷——明代植物图像寻芳

072

果此两者为同一人，那么李中立很有可能是在中举之后，才有足够财力将其著作付梓问世。

从《本草原始》之序可以看出，李中立自幼敏而好学，多才多艺；少年之时，师从同乡中书舍人罗文英，精研儒学；青年时"博极秦汉诸书"，深受当时县令马应龙赏识，被称有"偏至之能"。其所谓"偏至之能"，大抵包括以下两方面：

首先，李中立知识广博，熟知各种药物，尤其是植物。从其在《本草原始》中所征引之目录即可看出，其所阅读的书籍范围非常广博，在本草医药领域有《本草蒙筌》《吴普本草》《别录》《新修本草》《本草纲目》《卫生简便方》《普济方》《经验方》《摄生方》等，在食用植物与农学领域有《救荒本草》《野菜谱》《王氏农书》等，在训诂著作方面，有《释名》《广雅》等，此外还有《博物志》等博物学书籍。

李中立在该书的正文中对每一种植物的产地、释名、气味、主治、修治等进行了详细介绍，这些在一定程度上参考了上述所引书目。而该书的特别之处，在于说明了药材形态特征以及鉴定药材真伪的方法，且描述极为清晰，比如"沙参"条目中，对沙参、桔梗、荠苨的区别讲述得非常清楚：

沙参形如桔梗，无桔梗肉实，亦无桔梗金井玉栏之状。又似荠苨，无荠苨色白，亦无荠苨芦头数股之多。然而有心者为桔梗，多芦者为荠苨。市者彼此代充，深为可恨。用沙参者，宜择独芦无心，色黄白、肉虚者真也。[1]

再如"巴戟天"条目对其造假的描述：

[1] 李中立.本草原始：卷一[M].万历四十年本//续修四库全书：992 子部医家类.上海：上海古籍出版社，1996：584.

图 2-1　胡麻图（李中立本）

◇注：图像取自《续修四库全书》本，第 691 页。

今方家多以紫色者为良。蜀人云都无紫色者，采时或用黑豆同煮，欲其色紫，殊失气味，尤其宜辨之。又有一种山蔺根，正似巴戟，但色白。土人采得，以醋水煮之，乃以杂巴戟，莫能辨也。但击破视之，中紫色而鲜洁者，伪也。其中虽紫，又有微白糁，有粉色而理小暗者，真也。[1]

因此，李中立不仅熟谙各种药材的外形特征，还对药材市场中的造假行为有着非常深入的了解，对于如何鉴定药材的真伪，亦有着十分丰富的经验。可见当时他已在药材市场历练多年，才有如此深厚的功底。

其次，李中立擅长绘画。由于史料典籍所限，我们无法见到李中立的其他绘画。但在他这部"手自书而手自图"[2]的本草典籍中，尽管图像着力表现植物的特殊药用部位（多数为根部），笔画较为简略，但是仍然可以看出李中立的绘画比例精良，能准确、形象地反映植物的特征。比如"胡麻"一图（图 2-1）。

从其中一些植物图像可以看出，李中立显然受到当时艺术绘画的影响，不少植物的叶型、花型和构图方式都与当时流行的画谱画诀一致。比如，在菊花的绘制中，明代《高松菊谱》中就有"菊瓣朝心列，横长竖短……"[3]的画诀，而李中立在此的画法与之颇为相似（图 2-2）。

李中立正是得益于他的"长于本草"和"精于绘画"的两项偏至之能，才使其完成这部绘图精良的本草著作。

[1] 李中立.本草原始：卷一 [M].万历四十年本 // 续修四库全书：992 子部 医家类.上海：上海古籍出版社，1996：588.

[2] 李中立.本草原始 [M].郑金生，汪惟刚，杨梅香，整理.北京：人民卫生出版社，2007：11.

[3] 高松，绘.高松菊谱：翎毛谱 [M].北京：中国书店，1996：6.

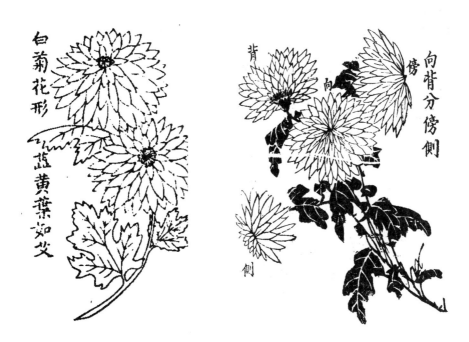

图 2-2 菊花图。左侧为《本草原始》中的菊花，右图为《高松菊谱》菊花图

◇注：图像分别取自《续修四库全书》本，第 603 页；高松《高松菊谱·翎毛谱》，中国书店 1996 年版，第 6 页。

# 二、《本草原始》图像特征

《本草原始》旨在讲述药物的本源，即药材的正确来源、形态及炮制方法。全书共 12 卷，按照草、木、谷、菜、果、石、兽、禽、虫（鱼）、人进行分类，共记载药物 508 种。除石部、人部外，其余各部类药物原型皆为生物，全书共涉及动植物 390 种，绘制动植物图像 415 组，其详细的生物图像数量分析见表 2-1。

表 2-1 《本草原始》中生物图像数量分析（单位：幅）

| 卷 | 1 | 2 | 3 | 4 | 5 | 6 | 7 | 8 | 9 | 10 | 11 | 12 | 总 |
|---|---|---|---|---|---|---|---|---|---|---|---|---|---|
| 部类 | 草 | 草 | 草 | 木 | 谷 | 菜 | 果 | 石 | 兽 | 禽 | 虫 | 人 | |
| 药物 | 52 | 66 | 76 | 63 | 17 | 20 | 27 | — | 23 | 13 | 48 | — | 405 |
| 生物 | 52 | 67 | 74 | 63 | 17 | 20 | 26 | — | 22 | 12 | 41 | — | 390 |
| 图像 | 57 | 70 | 77 | 66 | 13 | 20 | 28 | — | 24 | 12 | 48 | — | 415 |

该书中的图像均为李中立通过观察实物，亲手绘制完成，所绘图像打破了自苏颂组织的《本草图经》绘图以来各家本草所附插图的承袭，以植物局部形态呈现，注重图像细节，绘制精良，比例精确，并配以准确的形态描述文字，还描绘出药材正品与赝品之间的差异，在动植物及药材鉴定上具有很大的价值。此外，李氏绘图精美，李约瑟评价其绘图"看起来就像是在艺术大师门下学过绘画的天才的作品"[1]，梅泰理认为《本草原始》"许多图具有清新感，看后似如一幅幅写生画"[2]，足见其艺术价值之高。

[1] 李约瑟.中国科学技术史：第六卷 生物学及相关技术：第一分册 植物学[M].袁以苇,万金荣,陈重明,等译.北京：科学出版社,2008：273.

[2] 安德列－乔治·奥德里古尔,乔治·梅泰理.论中国植物的图[M]//汉学研究（1）.北京：中国和平出版社,1996：523.

### 1. 植物器官局部图的绘制

李氏所绘图像打破了以往本草中所呈现的全株植物绘制，仅绘制植物的特定器官或部位。如其在"黄精"一条中所言"入药用根，故予惟画根形"[1]，李氏通过对实物细致入微的观察，绘制了大量的根、茎、叶、花、果实、种子的图像（图2-3），这是本草学史上最早全面绘制的植物局部图。

[1] 李中立. 本草原始 [M]. 郑金生，汪惟刚，杨梅香，整理. 北京：人民卫生出版社，2007：3.

在局部图的绘制中，李氏很注意突出不同植物器官的典型特征。在对根的描绘中，李氏突出了根表皮皱纹的差异，比如柴胡、沙参、防风、黄芩等的纵向皱纹，远志、前胡、大戟、续断等的横向皱纹。李氏对根的外形把握非常准确，表现出了苍术、郁金、白鲜等储藏根（茎）的圆球形、椭圆形或者圆锥形外形，突出其肉质肥厚的特征。在茎的描绘上，李氏能够细致地描绘出茎节、节间特征，以及卫矛的木栓翅、通草的皮孔等典型特征。对于各种花和花序（一般称花序轴），李氏能够绘制出它们的典型特征，比如小蓟、大蓟、红蓝花等菊科植物

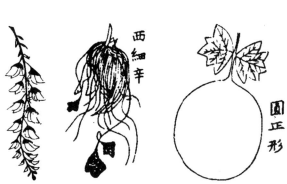

图2-3 植物器官局部图，从左到右依次为葛花、细辛根、栝楼实

◇注：图像取自《续修四库全书》本，第609页。

的头状花序，天南星科的佛焰花序，葱、韭等伞形花序以及各种穗状花序。在叶的绘制中，他能够准确地描绘出叶形、叶缘特征、叶脉，以及叶柄的着生方式等。

### 2.植物剖面图的绘制

植物剖面图在近代生物学的发展中具有重大意义，尤其对植物解剖学以及现代植物学的发展起着至关重要的作用，在认识植物内部结构、植物分类与鉴定中极具价值。李中立在《本草原始》中所绘制的大量剖面图是我国生物图谱中最早的植物剖面图，尽管这种剖面图是从以实用为目的的药物炮制中孕育而出的。

在李氏绘制的天花粉（栝楼根）图像中，可以清楚地看到根的横切面，栝楼全根呈现不规则圆柱形，对其进行横切后可以看到呈现放射状排列的木质部。而在青皮的绘制中，李氏则分别绘制出了纵剖面和横剖面。芸香科植物枳实与枳壳的图像描绘更是精细，从其横切剖面图能清楚地看到枳实的厚实外果皮及其上的油点、疏松的中果皮以及向外翻卷、合成瓣状的内果皮（图2-4）。

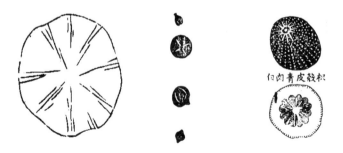

图 2-4　植物器官剖面图，从左到右依次为天花粉（栝楼根）、青皮和枳壳

◇注：图像取自《续修四库全书》本第609页、711页、680页。

### 3. 生物图像中的组合视图及不同视角的选择

《本草原始》生物图像的另一显著特征，便是采用两张或两张以上不同视角的组合视图，最大可能有效地表达出生物体完整的形态特征（图2-5）。

在植物叶片的描绘过程中，李氏多处采用正反两面叶片皆绘制的方式，一方面表现出叶子正反两面的差异；另一方面也兼顾了叶子动态特征，更具写生画的情态。在植物花、果实等描绘上，采用不同视角组合，比如菊花头状花序、罂粟花型以及蓖麻等种子的描绘。尽管移

图2-5　不同视角的图像组合，从左到右依次为罂粟、八角和蚱蝉

◇注：图像取自《续修四库全书》本，第661页、660页、33页。

[1] 于振洲，于欣.生物绘画技法[M].长春：东北师范大学出版社，1991：145.

[2] 陆越子.中国花鸟画构图法（下）[M]//美术向导：第27册.北京：朝花美术出版社，1990：15.

动焦点的方法多在山水画中出现，但是为了能够尽可能地反映出植物的典型特征，李氏还是通过焦点的变化，将多个特征聚集在同一幅画面之中。此外，他还适时地运用了一些阴影画法，使得画面更具立体感。在花与叶的绘画中，多遵循"前后扁宽，左右窄长"[1]的透视规律，从而对花叶进行复原，反映出其向、背，折、卷，反、正，平、侧等关系，改变了以往本草图的刻板。事实上，这些已经非常接近现代科学绘画的要求了。

在对动物的描绘上，亦多采用多视角组合的方式。尤其在对昆虫的刻写中，常采用侧视与俯视结合、背甲部与胸腹部结合、展翅与合翅结合，力图展现出昆虫多角度的特征。在兽类的刻画中，李氏多采用侧视图，侧面物象最能表现其特征，在此基础上，部分动物再采用头部回望的方式，从而更加精确地将其面部也刻绘出来，达到了最大程度表现动物特征的目的。同时兽类采用侧视图比正视图更能反映出动物丰富多彩的形体变化[2]，而不至于导致画面机械呆板。而在禽类的图谱中，李氏注意到雌雄个体的显著差异，因此在绘制图谱的过程中，分别绘制了雌雄两个个体。

### 4.图文结合

图注是对图像的补充与解释，以文字作为图像未尽部分的补充。李氏的图像，很多都使用了图注（图2-6）。在此图注大致有三种功能，一是对于通过图像无法传达的重要信息辅之以文字说明，使图像更为丰满，以实现按图索骥的功能，比如，花色、茎的细节等；二是文字

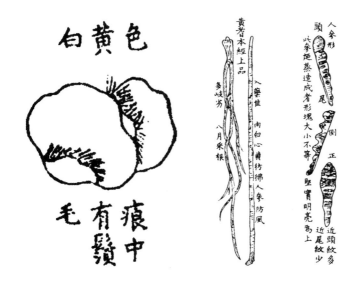

图 2-6 从左到右依次为泽泻、黄耆和人参

◇注：图像取自《续修四库全书》本，第 602 页。

即为对图像的解说，比如，叶对生，在图像上亦表现出对生的画面，利用文字与图像两种载体形式，以增强感官印象；三是文字作为图像的标注，比如标注人参的头、尾、正、侧等。而在以往的本草图像中，图像之中很少出现辅注文字，这既与画者对图像的认识相关，也与当时图文混排的雕版技术相关。

　　从绘图程式来看，李中立所绘的图像较传统的本草图有着很大的突破。传统本草图像中，多以全株植物入画，其目的是为了辨别植物，鉴定植物本身。而李中立选择了仅绘制植物的入药部位，无论从文本还是图像，都对其进行更为细致的描述，因此，其图像并非是要指导人们在野外采药时如何辨别植物，而是在药肆、药材市场中，如何辨别药材的真伪。在这种类型的图像绘制中，李中立是开先河者。

　　从绘图技法上，如前所述，李中立受到艺术绘画的影响较深。事实上，中国本草图像的绘制，从来都没有从艺术绘画中独立出来形成自己特定的绘图套式。本草图像的绘制者本身就是画工出身，抑或是有所擅长的业余画者，并未出现专业的植物插图师，因此图像的准确性显然受到绘画者植物知识的制约，以及本草学者、画者与刻工之间协作的影响。而李氏的本草图像，也正是其本草知识与绘画能力的一个写照。

◎

第二节

革命后的沿袭：《本草原始》的图像流变

[1] 龙伯坚.现存本草书录[M].北京:人民卫生出版社,1957:50.

[2] 薛清录.中国中医古籍总目[M].北京:上海辞书出版社,2006:203.

[3] 王玠.《本草原始》版本源流、学术成就及药物品种的考察[D].北京:中国中医研究院,1989:5-10.

[4] 同[3].

《本草原始》自 1612 年初刻本刊行以后,流传甚广,刊行版本颇多。龙伯坚曾介绍了《本草原始》在国内流传的 8 个明清版本[1],《中国中医古籍总目》中列有《本草原始》的 26 个版本及其馆藏情况[2],王玠曾对《本草原始》的版本进行了详细梳理,共列出了 35 个版本[3]。《本草原始》在后世传承过程中主要分化为两个系统,即葛鼐校订的永怀堂版本系统及与雷公炮制合刊本系统。以后诸多版本,均是在这两个版本的基础上校订而成的[4]。与雷公炮制合刊的版本对该书最早版本的顺序等调整较大,并且是直接在最早版本之上进行调整的,故而本书将葛鼐校订的永怀堂版本系统与雷公炮制合刊本系统分而述之。

## 一、永怀堂版本系统的流传及图像演变

明代中晚期,刻书业异常活跃,书坊林立。出于盈利的目的,实用性较强的医药书籍成了这些书坊主要刊刻的类型之一。正是在这种环境下,当时众多私人书坊,成为《本草原始》得以传播的媒介。据王玠考察,在葛鼐校订的永怀堂版本刊行之后,敦素堂和四美堂先后进行了重订,这两个版本在内容上与永怀堂本并无差异。其后,至清代嘉庆年间,经余堂又对其进行重刻,经余堂在体例编排与内容上也与四美堂完全一致,但其中所绘图像明显粗糙了许多。其后的文会堂再次对其翻印,之后又出现了翠筠山房、信元堂、善成堂等版本,这些

版本的图像质量再次下降。尽管此书不断刊刻，但不同版本各卷所题校订人均为葛鼐或周亮登。下为版本源流简图（图2-7）。

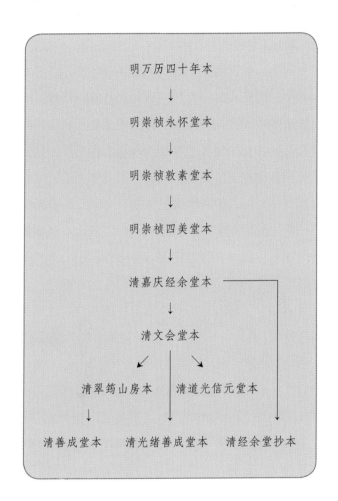

图2-7 《本草原始》版本流传图

◇注：版本流传图据王玠考证结果绘制而成。

在各版本不断刊行流传的过程中，本草图像质量逐步下降以致后期版本图像多有形变。图像描摹的痕迹非常严重，刊刻者显然并不关心植物的真实形态，也并不理解绘图者通过图像所要传达的信息，仅是照着底本仿绘与刊刻，以致出现了很多植物知识性的错误。比如，"车前草"的叶，在万历四十年本中为弧形叶脉，到了永怀堂版本中，则变成部分弧形叶脉和部分网状叶脉，而在经余堂版本中，则完全变成了特征明显的网状脉。叶缘形状也有所变化，穗状花序的情况也大抵类似，从颇为形似的穗状演变成了点状程式图。文会堂版本，似乎与经余堂图像相似，但其雕版已经模糊不清。而信元堂更是进一步对图像进行了简化（图2-8）。再如，刘寄奴的图像情况也不尽好，在万历四十年本中，所绘为其干形及其枝叶弯折的部位，能看出植株风干后的脆性；在永怀堂版本中，干形变化不大，但弯折的部位变成了有弧度的弯曲状，显然与干形的样子不符；而在四美堂版本中，其干形的花略像叶子，以致后期经余堂版本里，刘寄奴直接绘成了叶形。后期的重刻版本，除了刻意描摹之外，还对原有图像进行了大幅度的简化，丧失了艺术价值。

1638年葛鼐校订的永怀堂本是目前所能见到的对万历四十年本校订最早、改动较大的版本之一，其后各个版本皆在永怀堂本的基础之上重刻。张卫、张瑞贤将永怀堂本与万历四十年本进行了对比[1]。在图像的比较上，其文主要述及图像的增删与更替，并未关注图像细节变化，除石部外，共列出药图差异16处[2]。然而，通过对药图的进一步考察，可以发现更多细节差异。首先，李

[1] 张卫，张瑞贤.《本草原始》版本考察 [J]. 中医文献杂志，2010（1）：5.

[2] 张文共列出24处差异，其中7处在第七卷石部，另张文以为李本缺沙苑蒺藜图，事实上是有的，故多列了一处差异，所以实际列出生物图像差异16处。

万历四十年本

永怀堂本

四美堂本

经余堂本

文会堂本

信元堂本

图 2-8　不同版本车前草图像对比

◇注：图像分别取自《续修四库
全书》本（李中立原本，第585页），
张卫，张瑞贤校注本（永怀堂本），
中国科学院自然科学史研究所藏本
（四美堂本），中国中医科学院藏本（经
余堂本、文会堂本、信元堂本）。

氏绘图时，在线条的运用上自然灵活，使得对诸如泽泻、黄连等根部的描绘比较生动、写实，而永怀堂本中线条明显过于僵硬刻板；其次，永怀堂本中对很多图像进行了大幅度简化，比如地肤、卷柏、萹蓄、茵陈蒿、青蒿，以及木部几乎所有图像；再次，永怀堂本中仿照底本描摹的痕迹很重，以致个别图像在模仿过程中有所失真；最后，两个版本在图注上也有所差异，万历四十年本中个别植物图注是对图像中信息的补充、解释，而永怀堂本中把一些图注内容或移入正文，或直接略去。现将其中一些重要的图像差异详录下表（表2-2）。

### 表2-2 永怀堂本（葛本）与万历四十年本（李本）生物图像比较

| 药物 | 卷次 | 差异 |
|---|---|---|
| 透骨草 | 卷1草部 | 葛本未在图上标注花色 |
| 五味子 | 卷1草部 | 李本与葛本核的形状不同 |
| 车前草 | 卷1草部 | 叶形：李本为弧形叶脉，葛本部分为网状叶脉；李本穗状花序紧凑细致，葛本以点状程式表示穗状花序 |
| 石斛 | 卷1草部 | 葛本未在图上标注茎的扁、圆 |
| 王不留行 | 卷1草部 | 李本绘出微抱茎来，而葛本未能绘出 |
| 栝楼 | 卷2草部 | 葛本比李本少了一幅天花粉图像（剖面图），葛本在栝楼图中绘出了籽粒 |
| 香薷 | 卷2草部 | 李本绘其干形，而葛本绘叶形 |
| 天麻 | 卷2草部 | 李本比葛本多一羊角天麻图 |
| 高良姜 | 卷2草部 | 李本与葛本不相同 |
| 红豆蔻 | 卷2草部 | 李本与葛本不相同 |

续表

| 药物 | 卷次 | 差异 |
|------|------|------|
| 小蓟 | 卷2草部 | 李本绘其花苞形状，葛本绘花开时的头状花序 |
| 红蓝花 | 卷2草部 | 李本在绘制叶形时用点状来表示叶缘有刺，葛本将叶形绘成了二回羽状复叶；李本有子形，葛本缺子形 |
| 玄胡索 | 卷2草部 | 李本比葛本多一图 |
| 半夏 | 卷3草部 | 李本强调半夏的"脐"，葛本未画出"脐" |
| 商陆 | 卷3草部 | 李本突出了根部的皱纹，葛本未绘制其根上皱纹 |
| 豨莶 | 卷3草部 | 李本与葛本不相同 |
| 骨碎补 | 卷3草部 | 葛本比李本多一图，应是不同产地（葛本所增之图似来源于《本草图经》中的秦州骨碎补图） |
| 甘松香 | 卷3草部 | 李本与葛本不相同 |
| 藿香 | 卷3草部 | 李本为叶缘有锯齿，葛本为二回羽状复叶 |
| 松 | 卷4木部 | 李本绘制松树，葛本绘制琥珀 |
| 巴豆 | 卷4木部 | 葛本少一图 |
| 连翘 | 卷4木部 | 葛本少一中瓤图 |
| 没药 | 卷4木部 | 生境不同，李本树下有石块状物，似如其文所述"脂液滴流在地，凝结成块"；而葛本树下为草 |
| 檀香 | 卷4木部 | 李本与葛本不相同 |
| 黑大豆 | 卷5谷部 | 葛本多两个黑大豆图，李本白色表示种脐，但葛本两个大豆中种脐比例过大 |
| 黍 | 卷5谷部 | 李本图注中备注其有叶有毛 |
| 白芥 | 卷6菜部 | 李本绘其生境 |
| 葡萄 | 卷7果部 | 李本绘其叶为5浅裂，而葛本将其绘制成掌状5出复叶 |
| 马 | 卷9兽部 | 李本与葛本不相同 |
| 鹿 | 卷9兽部 | 葛本未绘出鹿茸 |
| 蚱蝉 | 卷11虫部 | 葛本绘制一俯视图和树上的生境图，李本绘制俯视图和侧视图 |
| 蚯蚓 | 卷11虫部 | 李本中能看出蚯蚓环带，而葛本中无明显区分 |

[1] 永怀堂本存在两种版本，其中一个全为葛鼐校订，另一版本卷8为周亮登校订；敦素堂和四美堂本，卷2和卷8均为周亮登校订，其余各卷为葛鼐校订；经余堂卷1、2、8、9、10、11、12为周亮登校注；善成堂版本目录题有周亮登校订，正文亦有多卷为周亮登校订。

[2] 北京图书馆.西谛书目：五卷 题跋一卷：册2 [M].北京：文物出版社，1963：7.

[3] 杜信孚.明代版刻综录：第2册 [M].扬州：江苏广陵古籍刻印社，1983：10.

永怀堂本之后所流传的诸多版本中，部分卷章间或会出现"周亮登校订"[1]字样，但周亮登为何许人，至今却未见提及。在之前版本研究的基础上，笔者又发现《本草原始》在葛鼐校订之前的另两个版本，可能有助于梳理清楚其图像的流传。

中国国家图书馆藏有周文炜校刊的《本草原始》，此本原为郑振铎藏书，《西谛书目》中记载如下：

《本草原始》存六卷，明李中立撰，明周文炜光霁堂刊本，十二册，存卷一至二，五至八，有图。[2]

日本国立博物馆亦藏有该版本的前八卷，该条目记载有：

本草原始12卷 /（明）李中立编著并书画：（明）周文炜校刊……[出版地不明]：[光霁堂]，[出版年不明]

以上皆未提及校刊时间。

而杜信孚在《明代版刻综录》中则记载：

《本草原始》十二卷，明李中立撰。是书今人未提及。明天启书林周文炜光霁堂刊。[3]

此外，在牛津大学博德利图书馆（Bodleian Library）藏有《增订本草原始》十二卷，并记录：

明李中立纂辑，明周亮登校订，明崇祯癸酉年（1633年）刊本醉耕堂藏板。

这两个版本皆在葛鼐校订的永怀堂本之前，可惜目前尚无法察见。不过通过对两位刊校者周文炜和周亮登的生平考察，能够从地域流传上为《本草原始》的图像传播提供一定的线索。

周文炜，字赤之，号如山，其所在家族是明末颇有名气的刻书世家，文炜为家族第二代刻书人。周氏家族先祖世居金陵金沙井，后徙江西抚州之金溪，定居栎下；周文炜之父庭槐游大梁（河南开封），占籍开封。周文炜曾为国子监生，并于天启三年（1623年），以太学生身份任诸暨县（今诸暨市）主簿，有很好的政绩，终因与县令不和，天启五年（1625年）左迁王府官，复居金陵[1]。周文炜活动与交游范围极其广泛，尽管在李中立《本草原始》刊行之际，周文炜已离开开封，迁居南京，但是依旧与开封亲友保持着密切联系，且周氏家族常有为同乡刻书的传统，因此能够在金陵光霁堂刊刻此书，便也不足为奇了。

1633年重校《本草原始》的周亮登，与以刻书而闻名的周氏家族关系密切。首先，周文炜有两子，一子周亮工[2]，字元亮，另一子周亮节，字元泰，而周亮登，字元龙，从姓名字号上看，与周氏两子名字颇有渊源；其次，刊行周亮登校订版本的书坊——醉耕（畊）堂，是周家从文炜至亮工、亮节父子、兄弟互相沿用的刻书坊堂号[3]；再次，《本草原始》中所题"金溪周亮登元龙甫校订"，而周氏家族祖籍金溪，周文炜、周亮工也时常称自己为金溪人，亮工更有栎下先生（栎下为其金溪祖籍）之称；最后，周亮登除校订《本草原始》外，还校订过金溪同乡龚贤廷的《寿世保元》，而在周亮登校订之前，该书就由周文炜光霁堂刊刻过[4]。尽管尚无资料直接提及周亮登与周氏家族之间的关系，但据以上线索，笔者推测周亮登与周氏家族关系密切，且极有可能为周亮工的从父兄弟[5]，为周氏家族第三代刻书人之一。

[1] 朱天曙.周亮工家世考[J].中国文化研究，2011（3）：133-136.

[2] 周亮工（1612—1672年），字元亮，一字缄斋，号栎园、栎下先生等。祥符（今开封）人，后移居南京。明末清初文学家、篆刻家、收藏家。明崇祯十三年（1640年）进士，曾任山东潍县知县，迁浙江道监察御史。入清后，历任盐法道、兵备道、布政使、左副都御史、户部右侍郎等。一生饱经宦海沉浮。亮工能诗善文，才思敏捷，诗学少陵，文必泰汉。嗜绘画、书法、篆刻，善鉴赏，爱收藏。著有《闽小记》《赖古堂文集》《赖古堂诗集》《读画录》《因树屋书影》等，并传于世。参考：朱天曙.感旧周亮工及其《印人传》研究[M].北京：北京大学出版社，2013.

[3] 陆林.周亮工与金圣叹关系探微——兼论醉畊堂本《水浒传》和《天下才子必读书》的刊刻者[M]//章培恒，王靖宇，主编.中国文学评点研究论集.上海：上海古籍出版社，2002：388，392-393.

[4] 杜信孚.明代版刻综录：第2册[M].扬州：江苏广陵古籍刻印社，1983：10.

[5] 周亮工《赖古堂集》卷二四"祭靖公弟文"中记有"父母生我同胞兄弟姊妹六人，第三妹先没，二姊亦继亡，去岁春，老孺姊又以七十病卒矣。今岁又云亡，四妹远在汴上"。可见，周亮工仅有一弟，即周亮节。故周亮登非周亮工的亲兄弟。

由于周亮登与周氏刻书行的密切关系，周亮登校订版本的底本来源或与周文炜版本相同，甚至也可能是周文炜校订的版本。日本东京博物馆所藏的周文炜版本题有"李中立编著并书画"，这与李氏原版是一致的；但1633年周亮登校订的版本，则题为"李中立纂辑"，而1638年的永怀堂版本中，亦为"李中立纂辑"。那么永怀堂版本与周氏版本是否存在关系呢？永怀堂本之后的版本中，经常会出现部分卷由葛鼐校订、部分卷由周亮登校订的情况。本着卷目所题校订人不变、校订内容不会出现大幅度变化的原则，笔者对明崇祯四美堂版本周亮登校订的卷二与永怀堂版本葛鼐校订的卷二进行对比，发现二者无明显差异。首先，均将对植物产地、形态的描述用小字体，而功能主治改为大字体；其次，两者在体例内容上无差异，且均剔除了"艾叶"一条，在内容上的增订也基本一致；最后，在与李中立原本出现差异的图像上，如天花粉、天麻、香薷、高良姜、红豆蔻、红蓝花、玄胡索等图像，这二者基本一致。所以这二者仅是刊刻的校订人不同，但在内容上并无实质性差异。

关于葛鼐，《江浙藏书家史略》载："葛鼐，字端调，昆山人，太常卿锡璠子，崇祯举人。……鼐益购所未备书，所藏达三万卷。"[1]葛鼐藏书甚多，但鲜见其与医药相关的论述。而周氏家族自第二代刻书人周文炜起，就刊刻过大量医书，周亮登在刊刻《本草原始》之外，还刊刻过以治病之功效为主的《寿世保元》《万病回春》等。据此可以推测，葛鼐的校订工作极有可能是在周亮登的版本之上完成，并将其与《纪效新书》合刻，增补一序。

[1]吴晗.江浙藏书家史略[M].北京：中华书局，1981：205.

在校订《本草原始》的过程中，对字体大小的更改足见校订者具备一定的医药知识，更重视药物之功效主治，而较轻药物形态产地；此外，在校订过程中，增补的内容以功能主治条目居多，这似乎也是与周氏家族校订过大量医书的背景相吻合的。或许也正是周氏家族的这种重功效而轻形态的理念，使得书中的图像信息在传承过程中有所损失。

## 二、《本草原始合雷公炮制》的流传及图像流变

除了由周氏家族传刻的永怀堂版本系统外，《本草原始》还有另外一个版本广为流传，即《本草原始合雷公炮制》。该版本对原书的顺序进行了调整，比如调整了菜部等不同部类，并更替了其中部分图像。据王玠的版本考证，目前所存的《本草原始》乾隆存诚堂本、乾隆安雅堂本均属于该体系，在日本所流行的明历三年（1657年）本和元禄十一年（1698年）本也属于此系统[1]。笔者以目前所能见到的存诚堂本和元禄十一年本为考察对象，对其中图像进行分析。

根据存诚堂本的图像及文字基本形制，可以判断该版本是直接在最初的万历四十年本的基础上形成的，与永怀堂系列的版本并无关系，理由如下：

首先，每卷卷首题有"雍丘正宇李中立纂辑并书画"，这与李氏最初的万历四十年本是一致的，而不同于永怀

[1] 王玠.《本草原始》版本源流、学术成就及药物品种的考察 [D]. 北京：中国中医研究院，1989：5—10.

堂系列各版本。

其次，该版本中对每种药物的形态描述均用大字体，而对于其中的修治、功能等，均用小字体，这亦是与最初的万历四十年本一致的。

此外，从图像系统上进行判断。该版本的天花粉、天麻、香薷、高良姜、红豆蔻、红蓝花等图像也与万历四十年本一致，而不同于永怀堂本。

存诚堂本对各种药物顺序调整后，其排列如下表（表2-3）：

表2-3 《本草原始合雷公炮制》存诚堂本卷目

| 卷 | 1 | 2 | 3 | 4 | 5 | 6 | 7 | 8 | 9 | 10 | 11 | 12 |
|---|---|---|---|---|---|---|---|---|---|---|---|---|
| 部类 | 菜 | 草 | 草 | 草 | 木 | 果 | 虫鱼 | 禽 | 兽 | 谷 | 金石 | 人 |
| 药物（种） | 11 | 97 | 104 | 131 | 61 | 33 | 50 | 6 | 21 | 19 | 88 | 33 |
| 雷公云（篇） | 0 | 49 | 29 | 17 | 29 | 6 | 14 | 3 | 8 | 2 | 22 | 1 |
| 图像（幅） | 9 | 92 | 104 | 129 | 56 | 31 | 48 | 6 | 21 | 17 | 87 | 0 |

可以看出，在存诚堂本中，万历四十年版本原有的药物多排列在原来的部类之中，仅有个别进行了调整。而其中的植物图像亦大多直接来源于李中立万历四十年本，但也有少量植物有所改进，比如人参图（图2-9）。在万历四十年版本中，人参图仅有正、侧、尾三部分的图文描述，而在存诚堂本中，鉴定信息描述更为详细，增加为正面、左侧、右侧、尾四部分，并在图注中强调了"金井玉栏"等信息。

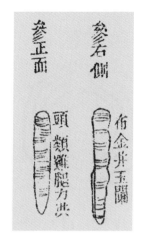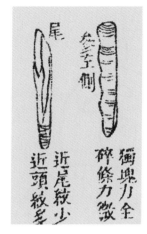

图 2-9　人参图。左、中两幅为《本草原始合雷公炮制》，右图为《本草原始》万历四十年本

◇注：图像分别来自日本国立国会图书馆藏存诚堂本卷二，第 38 页；《续修四库全书》本。

　　存诚堂本中也有新增的药物图像，它们多出自《证类本草》或《本草纲目》，比如女萎、萎蕤、蓝实等。其中一些局部图亦是《本草原始》万历四十年本中所没有的，为其独创，比如虎掌图（图 2-10）。还有一些图，在《本草原始》万历四十年本中为全株图，而在存诚堂本中改为了局部图，比如石韦等（图 2-11）。

　　《本草原始》该版本系统流传到日本后，元禄十一年（1698 年），日本对其进行重刻，是据杨素卿刊刻的版本而成。其中图像与存诚堂本基本保持一致，但个别图像亦有不同。比如，在莱菔条目中，存诚堂本将其图注文字更改为"莱菔叶类蔓菁，子黄赤色，入药炒，有长、圆二种。根有红、白二色"，而在相应图像中，亦绘制了长、圆两种不同形状的莱菔（图 2-12）。在元禄十一年的版

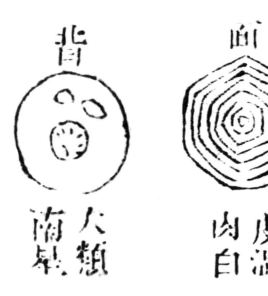

图 2-10　虎掌图（存诚堂本）

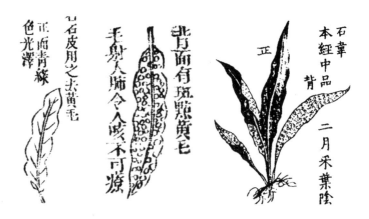

图 2-11　石韦图（左、中为存诚堂本，右为万历四十年本）

　　◇注：图像分别来自日本国立国会图书馆藏存诚堂本，卷一，第 7 页；《续修四库全书》本。

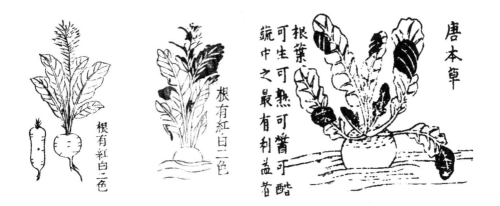

图 2-12　莱菔图，从左至右依次为存诚堂本、元禄十一年本以及万历四十年本

◇注：图像分别来自日本国立国会图书馆藏存诚堂本、元禄十一年本、《续修四库全书》本。

本中，其图注文字与存诚堂本保持一致，但图像本身又与李中立万历四十年版本基本一致。

　　可以看出，《本草原始合雷公炮制》系统中，其图像的来源较为庞杂，大部分图像都直接来自李中立万历四十年本的《本草原始》，也有部分图像来自《证类本草》，还有一些图像为后来增绘。

## 三、其他著作对《本草原始》图像的转绘与传播

### 1.《本草原始》与《图像本草蒙筌》中植物图像的关系

[1] 李中立.本草原始 [M].
郑金生，汪惟刚，杨梅香，
整理.北京：人民卫生出
版社，2007：11.

[2] 王玠.《本草原始》再
考察 [J].中国药学杂志，
1995（9）：65.

马应龙在为《本草原始》所作的序言中提及，"皆手自书而手自图之"[1]。但是王玠认为剖面图等并非李中立原创，而是李中立受到陈嘉谟《本草蒙筌》的影响才绘制出类似局部图、剖面图等，"药材图引用了《本草蒙筌》中的一些，如天花粉、草果、海带等，并受到启发"[2]。

《本草蒙筌》成书于明嘉靖四十四年（1565年），而《本草原始》完成于1612年，且两者均由12卷组成，从成书时间和体例内容编排来看，《本草原始》确有借鉴于前者。但对于图像研究而言，我们应将图、文分开来看。在上一章已经述及，我们现在看到的《图像本草蒙筌》中的植物图像系崇祯元年（1628年）刘孔敦所增补，在此前各个版本中并无图像。因此，我们有理由认为《图像本草蒙筌》中所展现的植物局部图，很可能是参考了《本草原始》中的图像，而并非《本草原始》中的图像引用自前者。

《图像本草蒙筌》所录图像，多为全株植物，大部分引用自《证类本草》系列著作，仅有少数出自《本草原始》。除王玠提及的天花粉、草果、海带外，两书还有贝母、附子、天雄、天南星、玄胡索、昆布、常山、猪苓、乳香、丁香、雷丸、茄子等同样的图像，并且两书中的大蓟、小蓟在构图上也非常相似。就图像质量而言，《图像本

草蒙筌》远不及《本草原始》。其图像中的天花粉图与李中立万历四十年本《本草原始》中的三幅天花图一致，而不似葛本系统中的两幅图，因此刘孔敦刊刻的《图像本草蒙筌》中的植物图像极有可能是参考了《本草原始》万历四十年本。王重民在《中国善本提要》中指出，"刘孔敦建阳人，疑为乔山堂刘龙田之子侄，时乃兄孔教已成进士，乔山堂或已不继续刻书业，故孔敦为周氏帮忙"[1]。而贾晋珠更是提到刘孔敦与周氏书坊的联系，远不止于编校刻本，《图像本草蒙筌》所用的版本就是周如泉在同时期印行该书的刊版，只是刊刻先后无法确定[2]。据许振东的考证，金陵周如泉极有可能与周文炜有亲缘关系，两个书行也经常互相刊刻[3]。因此，刘孔敦能够看到《本草原始》便也不足为奇了。

### 2.《本草汇言》与《本草原始》图像的关系

《本草汇言》是明代又一部集大成的本草学著作，该书汇集当时众多学者的本草之言，故名《本草汇言》，由钱塘倪朱谟成书于天启甲子年（1624 年）。然而，该书在十九卷全书所有图像绘制完毕后署有"万历庚申蒲月，萧山庠士汤国华太素甫绘图·钱塘处士翁立贤恒玉甫勒象"[4]，可见其图像绘制完成于万历庚申年（1620 年），仅比《本草原始》万历四十年本成书晚 8 年。但仔细观其图像，车前草、红蓝花等图像的细节绘制以及天花粉的图像数量，都与《本草原始》永怀堂本如出一辙，可以判断其至少参考过永怀堂系统中的某个版本。最有趣的是卷 2 中的香薷图和藿香图，这两幅图显然是出自葛

[1] 王重民 . 中国善本书提要子部 [M]. 上海：上海古籍出版社，1983：258.

[2] 贾晋珠 . 吴勉学与明朝的刻书世界 [M]// 米盖拉，朱万曙，主编 . 法国汉学第 1 辑：徽州书业与地域文化 . 北京：中华书局，2010：23.

[3] 许振东 . 17 世纪小说书坊主周文炜及其家族刻书活动 [J]. 南开学报（哲学社会科学版），2013：5.

[4] 倪朱谟 . 本草汇言 [M]. 郑金生，甄雪燕，杨梅香，校 . 北京：中医古籍出版社，2005：685.

永怀堂系统，但汤国华似乎也被永怀堂系统中藿香的二
回羽状复叶搞糊涂了，因此将这两幅图的图注标注反了。
永怀堂本及周亮登校订的版本皆在其后，而周文炜的版
本，仅有杜信孚提及是在天启年间成书，其参考来源是
《西谛书目》，而查阅《西谛书目》，并未注明刊刻时
间。至于汤国华是从何处看到《本草原始》图像的，便
不得而知了。但《本草汇言》中的图像，至少可以证明，
在 1620 年之前，就已经存在对万历四十年本中的图像的
大幅度校订改动。

　　不同于《本草原始》的图文混排，《本草汇言》是
将每卷中所提及的植物图像统一刊刻于该卷的卷首，之
后再开始每卷正文内容（如图 2-13）。

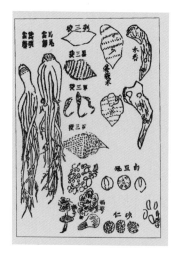

图 2-13　《本草汇言》卷二部分图

◇注：图像源自倪朱谟《本草汇
言》，由郑金生、甄雪燕、杨梅香校点，
中医古籍出版社 2005 年版，第 65-68
页。其中图像以中国国家图书馆藏本
为底本。

从刊刻的角度讲，这种图像置于卷前，图文分立的做法，便于雕版，降低了刻工的技术难度。但从书籍的科学性上讲，显然不如图文结合者。文本与图像的疏远，会给读者在阅读时带来不便，时常需要翻页才能将文字描述的植物形态与视觉直观的图像联系起来。但柯律格在论及这一问题时，引用马兰安的观点说，图文并存的版本针对的是受教育程度较低的读者，而所谓的复合版本是针对受教育程度较高的读者[1]。这一观点可能是针对小说而言的，对于本草书籍而言，图文置于同样位置，更注重文字与图像的互动，在阅读植物形态描述时，亦可方便对照植物形状。而图文分立的布局，反而会造成视觉隔阂，并不具有医药书籍应备的实用功能。或许，《本草汇言》的刊刻者便是将其与绣像小说中的插图等同进行编排了。

### 3.《本草汇》《本草纲目类纂必读》与《本草原始》图像的关系

《本草汇》由吴门（今江苏苏州）郭佩兰编纂完成，刊行于清康熙五年（1666 年），其中附有本草图像，每页四图，共计 208 幅。图前有本草图序，该图序提到"今兹所图，止取适用，无事繁杂，故凡用根则不及叶，用叶则不及根，并用则兼，暨果蔬、鸟兽、虫鱼之属皆然"[2]，所表达的意思与李中立的"入药用根，故予惟画根形"如出一辙。书中列出了历代本草源流，但未见提及《本草原始》《本草汇言》等涉及植物局部图者。观其所绘药材图像，绘画的艺术性堪称上乘，且与《本草原始》

[1] 柯律格 . 明代的图像与视觉性 [M]. 黄晓鹃，译 . 北京：北京大学出版社，2011：37.

[2] 郭佩兰 . 本草汇 [M]. 北京：中国中医药出版社，2015：1.

中所绘图像完全相同者甚少。但是，诸如葛花、葛根、续断、蒺藜等在构图上又与《本草原始》比较一致，因此，郭佩兰极有可能看到过《本草原始》。不过其在剖面图上的表现又显然不及《本草原始》。

与郭佩兰同时代的何镇，在 1672 年据《本草纲目》编成《本草纲目类纂必读》，书中所附的"历代本草源流"中列出了郭佩兰的《本草汇》，但没有列出《本草原始》《本草汇言》等书[1]，可是很显然，书中的图都是源自《本草原始》的，藿香、车前草、知母、青蒿、狗脊、骨碎补、红蓝花、连翘、萹蓄、刘寄奴等图与永怀堂版本系统完全一致。该书图像较好的一点是半夏、葫芦巴和蓖麻子、山慈菇等图，更注重全株图和局部图的组合，从而更便于植物的鉴定，但剖面图绘制也较少。

### 4.《本草原始》在日本的影响

在日本存有《本草原始合雷公炮制》系统的乾隆甲戌年（1754 年）存诚堂本和元禄十一年（1698 年）刻本，而没有看到永怀堂系统的版本。但根据稻生若水的著作所述，永怀堂系统的版本十七八世纪曾在日本有所流传。

稻生宣义，字彰信，号若水，日本江户中期著名本草学家。早年研修医学、儒学、本草学等，师从福山德顺研习本草，博学多能，后自成一家，是本草学京都学派创始人。其一生著述颇丰，最重要的贡献在于校订、出版了李时珍的《本草纲目》。他在校订《本草纲目》和刻本的同时，在 1714 年完成了《本草图翼》四卷二册，又著有《结髦居别集》。他还对日本动植物和矿物进行

[1] 何镇 . 本草纲目类纂必读 [M]// 鲁军，主编 . 中国本草全书：第 84 卷 . 中国文化研究会，纂 . 北京：华夏出版社，1999：198.

了广泛的调查，完成了《庶物类纂》[1]，奠定日本本草学的基础[2]。此外，他还著有《炮炙全书》等。

　　据真柳诚整理的"日本江户时期传入的中国医书及其和刻本"[3]，稻生若水所著的《本草图翼》《炮炙全书》以及博物学巨著《庶物类纂》所引文献中均注明参考过《本草原始》，可见其受《本草原始》影响颇大（图2-14）。

[1] 真柳诚生前完成362卷，后由其门人继续著述。《庶物类纂》共764卷。

[2] 潘吉星.中外科学技术交流史论[M].北京：中国社会科学出版社，2012：412.

[3] 真柳诚，友部和弘.中国医籍渡来年代总目录（江户期）[J].日本研究，1992（7）：151-183.

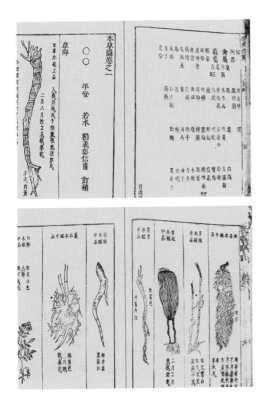

图2-14　《本草图翼》基本形制

　　◇注：图像源自稻生若水《本草图翼》，中国国家图书馆藏本，1714年。

尤其《本草图翼》一书，所用图像及图注都出自《本草原始》。

《本草图翼》在编排形式上比较接近《本草纲目类纂必读》，图文混排，很注重展现药物的图示；在编排体例上，《本草图翼》分为四卷，共包括草、木、谷、菜、果、金石、兽、禽、虫九个门类，与《本草原始》相比，仅少了人部；此外，《本草图翼》对《本草原始》原本的药物顺序进行了调整，但这种调整似乎是无意义的，同时也增删了个别药物，除了果部将龙眼、荔枝、枇杷几种日本当时并不广泛种植的植物删除外，其他的删减似乎也并无缘由；另外，《本草图翼》将牡丹、卫矛、芫花三种木本植物从草部调整到木部，这可能与作者强调自己的认识有关，并和现代科学的分类方法一致。

从图像上来看，《本草图翼》的图像大部分都来源于《本草原始》，仅有棕榈等个别图像出自《证类本草》。而从萹蓄、地肤、车前草、青蒿、骨碎补等图很容易看出，这些图像的绘制与永怀堂版本系统如出一辙，而不同于李中立万历四十年本。有趣的是藿香一图（图2-15），葛鼐校订的永怀堂版本和雷公炮制合刊版本将李氏原本正确的单叶转绘成了二回羽状复叶，但在《本草图翼》中是为单叶；而仔细对比其枝形，稻生若水所绘枝形又与永怀堂版本完全一致，不同于万历四十年本。据此可以推测，在藿香插图的转绘过程中，可能由于底本的刊印模糊，抑或是永怀堂刻本雕版不精，而导致永怀堂本丢失掉了叶缘信息，仅绘制了其中的叶脉，而在后世版本中皆参考此图，绘制成如此图像。而《本草图翼》中

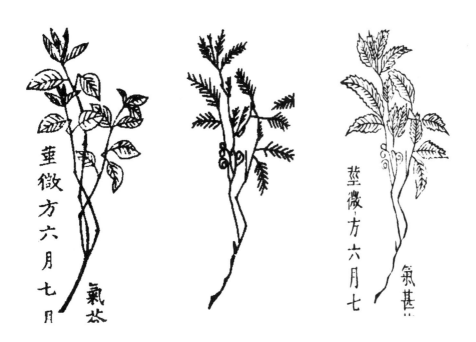

图2-15 藿香图对比，从左到右依次为万历四十年本、永怀堂本和《本草图翼》

◇注：图像分别源自《续修四库全书》卷三，张卫、张瑞贤校订《本草原始》卷三，中国国家图书馆藏本卷二。

藿香一图的绘制，有可能是稻生若水修补而成，亦有可能是参考了永怀堂版本之前的底本，尚不好做定论。不过永怀堂本藿香一图的错误，也正反映了当时学风的空疏浮躁。

◎

第三节

革命还是保守？——药材图的定位与结局

## 一、李中立与绘制药材图的目的

在近代生物学发展史上，局部图与剖面图对植物二级结构的认知起着至关重要的作用。李中立所绘制的局部图、剖面图以及特有的图注，在中国古代植物图像史上可谓是独具匠心的。然而，李氏笔下的植物图像，能否对了解植物结构有所帮助？笔者从此类药材图的产生背景以及图像表现的意图对此进行考察。

明代中后期，随着商品经济日益蓬勃，药材商业化趋势亦相当显著，不仅出现了许多专业种植药材的商户，而且在城市内出现了许多专门的药铺、药肆。药材产业的蓬勃发展，一方面使得药材需求量很大，另一方面使得假药遍布、诈伪行为充斥[1]。胡安徽指出，明代药材造假现象极为普遍，并且造假类型多样、技术极高、范围极广[2]。陈嘉谟在《本草蒙筌》中就提道：

> 许多欺罔，略举数端。钟乳令白醋煎，细辛使直水渍，当归酒洒取润，枸杞蜜伴为甜，螵蛸胶于桑枝，蜈蚣朱其足赤。此将歹作好，仍以假乱真。荠苨指人参，木通混防己。古圹灰云死龙骨，首蓿根谓土黄耆。麝香捣，荔枝搀，藿香采，茄叶杂。研石膏和轻粉，收苦薏当菊花。姜黄言郁金，土当称独滑。小半夏煮黄为玄胡索，嫩松梢盐润为肉苁蓉。金莲草根盐润亦能假充。草豆蔻将草仁充，南木香以西呆抵。煮鸡子及鲭鱼枕造琥珀，熬广胶入荞麦面炒黑作阿胶。枇杷蕊代款冬，驴脚骨捏虎骨。松脂搅麒麟竭，番硝插龙脑香。桑根白皮，株干者岂真；牡丹根皮，枝梗者安是。[3]

[1] 邱仲麟. 明代的药材流通与药品价格 [J]. 中国社会历史评论，2008（0）：195-213.

[2] 胡安徽. 明代药材造假考略 [J]. 南京中医药大学学报（社会科学版），2010（3）：153-157.

[3] 陈嘉谟. 本草蒙筌总论 [M]. 北京：中医古籍出版社，2009：13.

[1] 李时珍.新校注本本草纲目（上）[M].刘衡如，刘山水，校注.北京：华夏出版社，2011：37.

[2] 李时珍.新校注本本草纲目（中）.刘衡如，刘山水，校注.北京：华夏出版社，2011：490.

[3] 李中立.本草原始[M].郑金生，汪惟刚，杨梅香，整理.北京：人民卫生出版社，2007：151.

图 2-16 大黄图（《本草原始》永怀堂本）

◇注：图像源自《续修四库全书》本。

李时珍在《本草纲目》中亦多提及药材造假的现象，比如，"以虺床当蘼芜"[1]，"（人参）伪者皆以沙参、荠苨、桔梗采根造作乱之。……近又有薄夫人以人参先浸取汁自啜，乃晒干复售，谓之汤参，全不任用，不可不察"[2]。

李中立的《本草原始》中亦提到许多药材造假的行为，如熟地黄、蒲黄、贝母、天南星、三七、附子、桑寄生等，均有涉及。从文本的角度讲，《本草原始》最独特的地方正是在于对药材形态的描述以及对药材真伪的鉴定。正是晚明这种药材商品化及药材造假严重的环境，催生了李中立《本草原始》的出现。在这种情况下，这部著作自然围绕药材展开。

尽管从现代生物学的视角看，李中立的独特之处在于局部图与剖面图，但必须注意的是李中立当时绘制此图的目的却是服务于药材，而并非要搞清楚植物的内部结构。他在开篇"黄精"条目中，就写道："入药用根，故予惟画根形。"可见，其绘画的目的是与用药紧密联系的，并在图像上多有反映。比如，大黄一例，在图 2-16 中可以看到在大黄根部中间有一孔，而在其修治中提及："大黄，块大难干，作时烧石热，横寸截，着石上煿之一日，微燥，乃以树枝条，或绳穿眼，系之至干，故大黄有穿眼也。"[3]而李中立将这种在药物炮制过程中形成的人为加工结构"绳孔"绘制于图像之上，足可见其目的是绘制药材图。

再如，紫菀、麦门冬等图亦可看出其所绘的是经过人为加工后的药材图，紫菀的根可看出捆绑成束的痕迹，麦门冬则加工成了小块（图 2-17）。

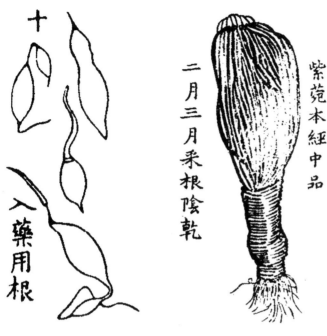

十<br>
入藥用根

二月三月采根陰乾

紫菀本經中品

图 2-17　紫菀、麦门冬加工图（《本草原始》永怀堂本）

◇注：图像源自《续修四库全书》本。

　　因此，尽管从绘图程式上，李中立所绘图像较传统本草图有很大的突破，但是其绘图思想并未发生实质性的变革。如前所述，本草著作中的图像的目的在于辨别植物，以证名物，解决同名异物的问题，防止本草中出现混用、误用等情况。李中立所绘制的植物局部图与剖面图，依旧承袭了传统本草中这种"名物"的绘图思想，其所绘药材图想要指导的并非是在野外如何采药，而是在药肆之中、在药材市场上，如何辨别药材的真伪。

　　对于这些局部图与剖面图，李中立关注的重点更多集中于观察桔梗的"金井玉栏"[1]和"菊花心"[2]，观察根部形成的皱纹是横纹还是纵纹，观察细纹是本身形成

[1]指药材横切面上，外圈（皮部和韧皮部）呈白色，中心（木质部或包括髓部）黄色或淡黄色，在中药学中称之为金井玉栏。

[2]指药材横切面，维管束与射线排列成细密的放射状纹理，形似菊花。

还是加工过程中勒制而成。根据观察到的这种直观的结构差异，从中鉴别出不同植物之间的差异，鉴定出药材的真伪，目的就已经达到，因此他并不关注更深层次的问题。正是这样的绘制图像目的的差异，导致中国古代博物学一直停留在服务于实践的层面，而无法进入到纯粹的对植物个体本身的研究之中。从这个角度上讲，李中立所绘制的图像尽管从表面看，似乎是一种革命性的颠覆，但是其本质与既往的植物图像并无二致，依旧是名物思想的延续，只不过，这种名物的对象从植物转变到了植物药材，这正如文树德所指出的："变化总是在体系之内，而体系本身却从未发生变化。"

## 二、药材图像流传中刻书家的保守与局限

李中立的《本草原始》最初版本在完成之后，得到广泛的刊刻，使得这种局部图与剖面图得以广泛流传。从前文所述其流传路径来看，刊刻的组织者对图像刊刻的形制起着至关重要的作用。董捷给予这些组织刻书者群体一个称谓——"刻书家"[1]，董捷在文中强调了刻书家的身份与所刊刻的书籍性质密切相关。诚然如此，刻书家在刊刻过程中涉及对书籍乃至书籍中图像价值的判断。

周氏家族在《本草原始》的刊刻过程中，将形态描述改为小字、主治功能改为大字。周氏家族素有刊刻医书的传统，比如《医林状元寿世保元》《家传太素秘诀》[2]《万病回春》等，其家族都有刊刻过，而这类医书都重于病

[1] 董捷.明末版画创作中的不同角色及对"徽派版画"的反思[J].新美术，2010（4）：13-27.

[2] 杜信孚.明代版刻综录：第2册[M].扬州：江苏广陵古籍刻印社，1983：10.

理治疗及功能主治，而非药材抑或是本草的形态，因此在刊刻过程中周氏家族对《本草原始》的基本形制及图像的改易，便也不难理解。

　　杨素卿在刊刻过程中将《本草原始》与《雷公炮制》合为一帙，对其进行了大幅度的调整，使得该版本图像来源极为复杂，不仅有万历四十年最初版本中原本存在的图像，又混入《证类本草》中的图像，还有重新绘制的部分图像。尽管个别图像比李中立绘制得更为详尽，但是其图像来源的复杂与混乱，也可见杨素卿对图像价值并没有明确的认识。杨素卿更为著名的举动是对宋应星的巨著《天工开物》的重刊，然而郑振铎就指出杨素卿本《天工开物》"误人不浅，急于成书，不遑讲求实际，都是一心图利的出版家所为也"[1]，可见其刊刻并不甚好。而在《本草原始合雷公炮制》中亦是如此，版刻质量较差。

　　郑振铎提到，木刻画发展至万历时代，"差不多无书不插图，无图不精工"[2]。而在后来的刊刻中，刻书家将更多的焦点放在了书籍的市场与销量上。为书籍配以插图同样也是一种商业手段，为了加强图书在市场上的吸引力，因此才有刘孔敦那样随意为过去并无图像的书籍增添图像的现象。而这种版刻插图书籍的盛行以及版刻商业模式的扩张，在促进书籍传播的同时，却严重损害了出版物的质量。很多图像都是毫无缘由地被不断翻刻。在组织刊刻的过程中，由于在成本、销量等之间进行权衡，故而使得图像的质量大为降低。郎瑛曾对福建的书商进行了批评，尽管他所针对的仅是文本变质，但图像变质同样也为当时人所诟病[3]。也就是这样，很多刻

[1] 郑振铎. 中国古代木刻画史略 [M]. 上海：上海书店出版社，2010: 143.

[2] 同 [1] 5.

[3] 柯律格. 明代的图像与视觉性 [M]. 黄晓鹃，译. 北京：北京大学出版社，2011: 32.

111

书家在组织刻书的过程中，将本草中的插图与绣像小说等的插图等同视之，忽略了它们用以鉴别植物的特性，使得很多优秀的本草图像淹没在明清书籍插图的洪流之中，沦落为一种符号或装饰。

刻书家在组织刊刻的过程中，或为追求利润，或为扩大读者群，必然会在成本、销量等之间进行权衡。王三庆对明代刻书成本与书籍售价进行了考察，刻工价格及刻工质量是影响售价的一个重要因素[1]。决定图像质量的，除了绘者水平，还有刻工的技艺。由一些廉价而技艺较差的刻工制版，可能会有效降低书籍售价，从而招徕各个阶层的读者，但这也在一定程度上降低了图像的质量。提高利润的另一种方法便是降低物料成本，采用一些低劣品质的便宜原木材料以及节省工时容易刊刻的松软枣木等来制版，在很大程度上造成了书籍的粗制滥造[2]。同样，这些劣质材料自然也会造成图像的简化、粗陋与失真。

[1] 王三庆. 明代书肆在小说市场上的经营手法和营销策略 [J]. 東アジア出版文化研究, 2004 (3): 31-56.

[2] 同 [1].

## 三、局部图与剖面图流传中学者的保守

在其他传统本草著作中，大多以全株植物图为主，很少有绘制局部图与剖面图者。受《本草原始》影响，尽管一些著作出现了局部图和剖面图，但其价值较为局限。倪朱谟的《本草汇言》，将图像集中于每一卷的卷首，这种刊刻的方法对用于鉴定的本草著作而言并不实用，因此可见倪朱谟对药材图像乃至本草图像的价值认识是

非常有限的。而清代郭佩兰与何镇的著作，尽管对《本草原始》药材图的模式有所继承，尤其何镇注意到植物全株图和局部药材图的相互配合，但这种类型的图像却并没有继续得到发扬。在日本，稻生若水直接采用了其中的图像，并且对一些不正确的图像进行了修正。尽管作为当时本草编纂者的士人，稻生若水有些意识到了这种局部图像的特殊性，对其进行了传承，但这种图像终究是零星的，并没有引起太多反响。

在晚明时期，本草炮制一类的著作层出不穷，但是其中的图像，却很少用药材图。《太乙仙制本草》和《本草炮制》中均采用了图示的方法来表示全株植物，而《补遗雷公炮制便览》（宫廷写本）则展现出了整个药物炮制过程，从而将图像的重点从植物药材形状转换到了药材炮制技术和过程描绘。因此，这种药材图像在炮制一类的著作中亦没有引起足够的反响。

## 四、图像的局限

在《本草原始》图像传播的过程中，周氏刻书行活跃的交游范围以及强大的刻书能力，使得这本书得以从开封流传到金陵，从而在江浙一带的刻书中心被广为翻刻。可以认为，明清时期盛行的刻书坊为《本草原始》的图像传播起到很大的推动作用，然而也正是这些私人刻书坊巨大的影响力，将李中立的最初版本中精准的图像淹没在后来刊刻的诸多版本之中。在诸多因素的影响之下，图像在流传之中发生了很大形变，尽管如此，此书却能在明清两代被翻刻35次以上，这也不得不让人对本草图像信息在实践中的价值表示怀疑。

在图像传承过程中，李氏在建立起药材图的绘图模式之后，后世的画者仅是对其进行仿绘，并未有所突破，这与当时只重视文本知识，缺乏对自然本身的关注的学术传统不无关系。这些图像的阅读者多为学者阶层，比如李时珍、吴其濬分别在《本草纲目》《植物名实图考》中，凭借前代本草图像对植物进行鉴定与判别。然而在实践层面，真正进行药材鉴定与采药的人，几乎都是凭借其经验进行鉴别，正如本草著作中时常提及的"见者自能分辨"，他们在学习期间亦多是依靠师承关系学习鉴定知识，而鲜有依靠书本与图像者。或许这种学者层面与实践层面的隔阂，是图像在形变状况下依旧能广为流传的原因之一，更是导致其图像无法进步的原因之一。

以局部图和剖面图为特征的药材图的出现，较传统本草图像，尽管在表现形式上是一次全新的突破，但就最初的编纂者而言，其绘图的初衷并无任何变革，依旧沿袭了传统本草中"名物"的观念。药材图在后来的流传过程中，组织刊刻的刻书家受制于自身知识背景与整体版刻图像环境的影响，而受药材图影响的其他本草书籍的编纂者，则局限在本草传统框架之中，不同阶层的人都出于各种原因，使得这种药材图像并未能在植物认知上形成真正意义上的革命。

* * * * *

[1] 郑樵.通志二十略[M].
王树民，点校.北京：中
华书局，1984：1825.

[2] 大木康.明末江南的出
版文化[M].周保雄，译.
上海：上海古籍出版社，
2014：152.

[3] 救荒类著作大抵可以
划分为以下五类：从政府
政策层面指导救荒的荒政
类；记录农业生产技术以
提高作物产量的农艺类；
论述兴修水利、预防洪灾
的水利类；防治蝗灾等虫
患的治虫类；提供用以充
饥的野生植物采集加工指
南的救荒植物类。救荒植
物类书籍占据了其中一部
分。

> 古之学者为学有要，置图于左，置书于右，索象于图，索理于书。[1]

——郑樵《通志·图谱略》

郑樵在《通志·图谱略》中对"图"与"书"的关系进行了精辟的阐述，其"索象于图，索理于书""左图右书"的治学之法，诚为卓见。然而，郑樵所理解的"图"与"书"是相互分立的，并非图文并茂的紧密结合。图像与文本关系之复杂，实际远甚于此。青木正儿曾将绘本书籍分为五类——启蒙教育性质的图说、先贤像传、戏曲小说插图、名山图及作为习画指南的画谱，具体到每一类绘本，图像与文字的关系都会有所不同。除此以外，大木康（Oki Yasushi）认为，诸如《救荒本草》和《天工开物》等科技类书籍在图像和文字上也是相得益彰，并且其图文比例相当微妙，此类书一般文字比例较少，因此若无图画，则难以成书[2]。就植物类的科技著作而言，图像则更应与文字相互融合、彼此渗透，方能用以辨识植物，更好地发挥其图像的价值。可是，在诸多绘有图像的植物著作中，并非所有植物图像都能与文字紧密结合，甚至多数情况下图文结合得并不好，正如第一章所述，尽管宋代就已经形成了本草图像的基本范式，但其中图像与文字的结合过于松散，甚至有所脱节。

元末明初，接连而起的战乱、频繁不绝的灾荒激发了备荒思想的出现，以至明代救荒、备荒著述层出不穷，其中救荒食用植物著述占据了很大一部分[3]。不仅有诸如《救荒本草》《野菜博录》等以描述植物形态、采集、加工为主的学术层面的著作，同时在民间也流行着以诗词、乐府形式为主体的救荒食用植物著作，如《野菜谱》《野菜赞》《茹草编》《野菜笺》等，约有 30 余种，以至李约瑟在论及明代救荒食用植物时，称之为"食用植物学家的运动（the Esculentist Movement）"[1]。此类救荒食用植物著述有不少都采用了当时盛行的版刻图像，以图文结合的形式将植物形态呈现出来——尽管这种结合在不同的著作间有所不同。

　　在当前科学史界，对此类救荒食用植物著述的研究或集中于学术价值[2]，或集中于植物考证[3]，或进行传播脉络研究[4]，对其中的图像，多是进行概述，鲜有集中对植物图像进行研究者[5]。而在图像史学界，由于植物图像具有较强的技术性与专业性，也少见将其纳入研究范畴者。不过，这些图像在植物的形态描述中有着特殊的作用，值得注意的是，在明代木板复制时代的大背景之下，由于不同书籍的目的、受众等各不相同，使得不同救荒食用植物著作中的图文关系大相径庭，不仅有借助于图文融合构建植物描述体系者，还有将植物描述的功能仅交付于图像者。本章将围绕救荒植物著作的图文关系展开，探讨救荒植物著作中植物描述的图文展现形式及其演变，并从读者的视角分析图像的价值。

119

[1] 李约瑟.中国科学技术史：第六卷 生物学及相关技术：第一分册 植物学[M].袁以苇，万金荣，陈重明，等译.北京：科学出版社，2008：279.

[2] 主要有罗桂环的研究，如《我国古代重要植物学著作——〈救荒本草〉》（1984 年）、《朱橚和他的〈救荒本草〉》（1985 年），周肇基的研究，如《〈救荒本草〉的科学性与实用性》（1988 年）、《我国最早的救荒专著〈救荒本草〉》（1990 年），徐翔的《〈救荒本草〉的科学思想研究》（2010 年），等等。

[3] 如王作宾对《救荒本草》中的植物考证，张翠君的《〈救荒本草〉植物今释》（2005 年），娄臻的《王磐〈野菜谱〉研究》（2013 年），杜丹等的《〈救荒本草〉中野生姜等植物品种图考》（2013 年），李全清等的《〈救荒本草〉中菊科植物考证》（2010 年），姚振生等的《〈救荒本草〉中的豆科药用植物》（1994 年），等等。

[4] 如罗桂环《〈救荒本草〉在日本的传播》（1984 年）、王永厚《〈救荒本草〉的版本源流》（1994 年）、何慧玲《救荒类本草文献在中日两国的传承》（2014 年），等等。

[5] 罗桂环在《朱橚和他的〈救荒本草〉》（1985 年）对其植物术语以及图像进行了概述，刘振亚、刘璞玉在《〈救荒本草〉与我国食用本草及本草图谱的探讨》（1995 年）简要介绍了其图像。

◎

第一节

图文体：《救荒本草》植物描述体系的构建

李时珍在《本草纲目》中指出《本草图经》中图文存在的问题，"图与说异，两不相应。或有图而无文，或有文而无图"[1]。而在《本草纲目》中，尽管李时珍力求图像与文字的配合，但其图像均为示意图，并未表现出植物的细节信息。植物描述的特殊性使得植物图像对图文之间的关联要求极高，并不仅限于形式上简单的图像与植物名之间的对应，更需在图像与植物细节描述间形成一个完整的系统，从这个角度而言，《本草纲目》也并未达到较好的图文结合的效果。

从图文系统的角度，艺术史学者彼得·瓦格纳（Peter Wagner）在研究图文关系时，提出"iconotext"的概念，他认为这"是通过参照或典故，明确或含蓄地运用图像的文本，反之亦然……文本与图像构成的一个无可分解的整体（或结合体）……有着无可分割的整体性"[2]。新加坡学者何奕恺将"iconotext"译为"图文体"[3]，并在人物像传中探讨了瓦格纳所讲这种图文体的密切关联、互涉与交互[4]。事实上，在植物形态描述的著作中，亦能找到这种对瓦格纳"图文体"概念的诠释与回应，朱橚编纂的《救荒本草》就是非常典型的一例，而由于植物图像的特殊性质，其与人物像传中图文体的表现有所不同。

## 一、基于"图文体"的植物形态描述

何奕恺在其古代"像传"研究中，对"图文体"的概念进行了界定，他认为所谓图文体，就是"对于缺乏

[1] 李时珍.新校注本本草纲目（上）[M].刘衡如，刘山水，校注.北京：华夏出版社，2011：9.

[2] 转引自：何奕恺.人物书写的图文反思——以中国古代像传体为中心[J].文化艺术研究，2010（1）：186-199.

[3] 杨豫在翻译彼得·伯克《图像证史》一书中，将其译为"图像文本"，笔者在此采用"图文体"的用法。

[4] 何奕恺.人物书写的图文反思——以中国古代像传体为中心[J].文化艺术研究，2010（1）：186-199.

相关知识或文化预设而要吸收特定信息的接受者而言，一种图文结合且相互'缺一不可'的体裁"。他指出图文体的判别取决于图文之间的黏着度。事实上，何奕恺所提出的"黏着度"在不同语境中会有不同的判别。在现代植物科学绘画中，对组成植物的结构器官均形成了一套较为标准的程式化画法，甚至一些范本还给出了具体的不同结构的相应术语、描述与图像[1][2]，这相当于在图像、术语和文本描述三者间建立了对应关系。然而就《救荒本草》而言，在未形成体系化的绘画技法之前，就必须通过文本与图像的共同配合来传达信息，而这种配合，在图文内容的结合、图文结合的形式以及图文的相互生成上均有所体现。

### 1. 图文内容结合

《救荒本草》的图文内容具有很高的黏着度。其图像与文本的统一主要以三种形式呈现出来：其一，植物细节描述的文本与图像表达一致，结构特征在图文中均有表现，文图呼应，互为参照；其二，文字作为图像的补充，一些微小的、在图像上难以表达的信息用文字表达；其三，图像作为文字的补充，一些细节信息直接用图像表示，避免了文字上的烦冗。而这样的图文统一不仅体现在植物整体轮廓描述中，更在构成植物器官结构的二级层面有所反映，正是借助于结构层面的图文描述，从而将植物的整体形态表现出来。下面以《救荒本草》中对叶、茎、花等的描述，来说明这种图文内容上的结合。

首先，在表现叶形、叶序、花序以及茎的典型特征上，

[1] 冯澄如. 生物绘图法 [M]. 北京：科学出版社，1959.

[2] 于振洲，编著. 生物绘画技法 [M]. 于欣，绘图. 长春：东北师范大学出版社，1991.

采用了图像与文字结合的方式，以更好地展现出植物的局部特征。

　　叶形：《救荒本草》中，特别是"叶可食"类植物，对叶的描述颇为细致，在文本描述上多采用类比的方法，比如"叶似薄荷叶""叶类竹叶"等，用常见植物进行类比。尽管其用来类比的植物大多都属于现代分类学中同一属植物，比较精准，但是这种类比很难在受众中形成具体的印象，因此同时给予了精确的图像描绘。这种精确图像描绘对叶形的细节的呈现极为准确（见图3-1），其与对应的文字描述相互结合，使得信息传递的效果更佳。

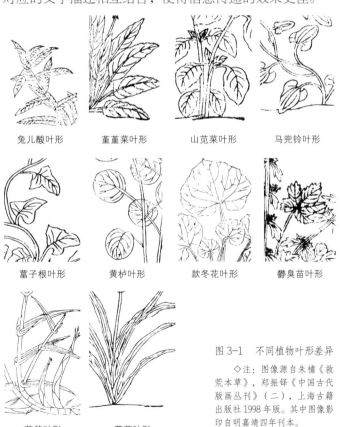

兔儿酸叶形　　　董董菜叶形　　　山苋菜叶形　　　马兜铃叶形

蓳子根叶形　　　黄栌叶形　　　款冬花叶形　　　鬵臭苗叶形

芦笋叶形　　　萱草叶形

图3-1　不同植物叶形差异

◇注：图像源自朱橚《救荒本草》，郑振铎《中国古代版画丛刊》（二），上海古籍出版社1998年版。其中图像影印自明嘉靖四年刊本。

叶序：《救荒本草》在对叶序的描述中已经形成了
明确的对生（"对节而生"）、互生（"不对生"）的概念，
并且在其图像绘制中能进行准确的图示。尽管没有出现
明确的轮生概念术语，但在文本描述中已用"其叶作层
生，每层六七叶，相对排如车轮样"（威灵仙）、"四
叶相对而生"（桔梗）、"四五叶对生节间"（土茜苗）
等文字来说明轮生的状态（图 3-2）。不过单纯文字描述
在未有背景知识的受众中很难形成具体形象，因此同时
辅以精确的图像描绘是非常必要的。

在对花序的描述上，其所绘图像不仅准确描绘出大
蓟、小蓟、旋复花、漏芦、豨莶、牛蒡子等菊科植物的
头状花序，蛇床子、茴香、柴胡、前胡、野芫荽等伞形
科植物的伞状花序，车前草、鼠菊、山苋菜等穗状花序（图
3-3），而且在文字描述中亦有"开花作穗""花如伞盖"
等与图像相对应的文本。

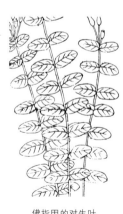

佛指甲的对生叶　　　　沙参的对生叶　　　　威灵仙的轮生叶

图 3-2　《救荒本草》叶序图像

◇注：图像来源同图 3-1。

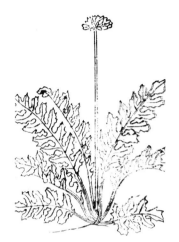

漏芦的头状花序

蛇床子的伞形花序

红花菜的头状花序

鼠菊的穗状花序

图 3-3  《救荒本草》中的花序示例

◇注：图像来源同图 3-1。

在表现茎的时候，朱橚特别注意茎上是否有刺，这在图像与文本上均有所反映。而对于茎的形状，朱橚在图文上也均有所表现。茎为圆茎的植物，在图像中均用两条线表示；对于方茎者，如土茜苗、薄荷、荆芥、风轮菜、地瓜儿苗，在其文字描述中则会注明方茎，而在图像中方茎则用三条线来表示；对于茎间有线棱的植物，如沙蓬、灰菜等，也同样在文字中予以说明，并在图像中用多条线来表示（图3-4）。

另有一些用于植物鉴定的特征，在没有形成固定术语时用文本表述稍显烦琐，而用图像则可以一目了然地表现出来。对于此类特征，《救荒本草》中便直接在图像上反映，未在文本信息上予以体现。

叶脉：《救荒本草》中并未对叶脉的形状进行文字描述，叶脉信息直接通过所绘图像表示出来，这或许是由于在未形成固定术语的时候，叶脉的信息很难用文字描述。从其绘图可以发现朱橚当时已经注意到单子叶植物的平行叶脉与双子叶植物的网状叶脉，绘制均准确无误（图3-5）。尤其对于弧形叶脉，在以往本草著作，甚至后来很多本草图像摹绘中，经常会出现差错，但在《救荒本草》中，车前草、柴胡、牛尾菜、山梨儿、鲇鱼须、酸枣等弧形叶脉的信息均绘制得非常准确。

复叶：《救荒本草》中对复叶的展示不仅体现了图文一致性，也体现了图像对文字描述的补充。比如，这些图像均能对奇数羽状复叶和偶数羽状复叶进行很好的区分，黄耆、黄楝树以及很多豆类均绘成奇数羽状复叶，而皂荚、合欢、望江南等植物则为偶数羽状复叶，与真

| 银条菜的圆茎 | 荆芥的方茎 | 灰菜茎间有线棱 | 丁香茄儿茎上带刺 |
|:---:|:---:|:---:|:---:|
| （中间无线棱） | （中间以一条线图示） | （中间以两条线图示） | |

图 3-4 《救荒本草》中的茎示例

◇注：图像来源同图 3-1。

| 莙荙菜的羽状网状叶脉 | 鸡头实的掌状网状叶脉 | 萱草花的直出平行叶脉 | 泽泻的弧形平行叶脉 |
|:---:|:---:|:---:|:---:|

图 3-5 《救荒本草》中叶脉形状示例

◇注：图像来源同图 3-1。

实情况相符合，足见其观察之细致。尽管这些在文字中均未反映出来，但图像中均予以表现。同时也对于合欢的二回羽状复叶进行了很好的图示。在三出复叶的文字描述中，记为"每三叶攒生一处"（如杜当归），而对掌状复叶，如酸浆草的描述中，文字记为"每茎端皆丛生三叶"，如果在不熟悉植物的情况下，仅从两者文本来看，很难想象出其生活状态，但配以图像，则一目了然，亦能清楚文字所描述的差异（图3-6）。

此外，采集生活状态的植物以供食用的目的决定了救荒植物的描绘需要绘制全株图。为了保持植物整体的比例，很多细节部位在图像上难以反映，故而《救荒本草》中改用文字描述作为对图像无法表现部分的补充。另外，由于是版刻墨线图，无法体现颜色上的细节，因此朱橚对花、茎、叶等不同部位的颜色信息，通常也都用文字进行补充。

比如，在对花的描述中，朱橚特别注意到花瓣的数目，部分通过图像，部分借助于文字，准确反映出单子叶植物三基数花瓣，双子叶植物四、五基数花瓣的特征，比如水慈菇"稍间开三瓣白花，黄心"，菽蕧根"上开淡粉红花，俱皆六瓣"等。而双子叶植物，如"茎叶间开五瓣大黄花"的丝瓜苗、"开五瓣金黄花"的望江南、"四瓣深红色花"的柳叶菜、"四瓣黄花"的白屈菜，均以图文体的形式展现出来。此外，还形成了"葶"的概念，在多种植物中提及，并且均在图像上有所体现。

《救荒本草》的植物描述中，对图像与文本的使用非常灵活，根据实际情况，按照需求而用，其中大部分

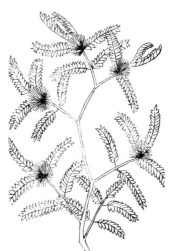

黄楝树奇数羽状复叶　　　　　望江南偶数羽状复叶

杜当归三出复叶　　　　　夜合花二回羽状复叶

图 3-6　《救荒本草》中的复叶图示

　　◇注：图像来源同图 3-1。

特征都较好地在图文上得以体现。尽管从植物结构的二级层次上讲，部分文字并未有对应的图像信息，部分图像信息也未用文字来表述，但这种信息的表达是互补的，实现了图像与文本在一级整体结构上的融合。尽管按照何奕恺的观点，图文体表现在图像与文本是否可有可无，但是在植物描述中，图文体则不仅是如此，更体现在描述植物的过程中图文的配合程度。从这个角度讲，《救荒本草》中的图像与文本是图文体很好的体现。

在图像与文本的对应中，我们亦可看出，朱橚在植物描述过程中，引入了较多术语，比如蒴、小葶葵、角、长角、穗状（花序）、伞盖等 [1]，还有花葶、抱茎、（叶缘）锯齿、丛生等，而其中很多概念都能在图像上找出相应的信息。这种图文描述相对应的一个重要意义，就在于建立图文之间的图示，试图将图示规范化，方便以后的描述。其中最典型的就是对植物茎的描述与绘制，方茎在其图像中，基本都是用三条线这种符号来表示的，这便在方茎与图像上的茎有三条线之间建立了联系，而同样的图示，在后来吴其濬的《植物名实图考》中也得以运用。借此我们可以看出朱橚为这种植物描述系统化所做出的努力，以及在术语、文字描述和图像描绘之间建立逻辑化的对应关系中所进行的尝试。

## 2.图文结合的形式

图文体除了在图像与文本的内容上有所体现外，在其结合形式上亦有所体现。植物描述与其他绘本图像有所不同，对图像的依赖度非常高，图文放置在一起才能

[1] 罗桂环.朱橚和他的《救荒本草》[J].自然科学史研究，1985（2）：189-194.

实现鉴定的目的。如今很多动物志、植物志就采用了图文并存的编排方法。而像第二章所提到《本草汇言》对植物图像的处理方法，即将其置于卷首，再如《本草纲目》等的图像亦是将所有图像集中成卷，这样的图文排列形式并不利于图像的利用与鉴别。在李濂版本的《救荒本草》中，我们可以看到同一种植物的图像与文字是混排在同一页的，这样在识别植物时，能够非常方便地进行图文对照。因此，从刊刻形式上讲，《救荒本草》亦能反映其图文体的特征。

### 3. 图文相互生成

从图文生成的角度讲，按照何奕恺的观点，图像与文字这两项中的一项需要依赖或者依附另一项方可生成，这样才能说明两者的黏着度非常高，就人物像传而言，如果图、文均是从所描述的客观对象本身出发，则不能算作图文体[1]。

然而这点在植物描述中略有不同，尽管植物描述的图像与文本均是从描述的客观对象——植物本身而来，但是在《救荒本草》中，两者所承担的功能都是对植物自身形态的描述，因此图像与文字文本有着相同的目的，而这种目的上的同一性保证了两者之间是紧密相关的，或互相印证，或互为补充。

尽管《救荒本草》中的图文目的具有同一性，但在其他很多植物描述的书籍中则并非如此，比如笔者后续将要谈到的一些其他救荒植物著作，比如，有的书的图像是对植物的描述，而文字却为与植物相关的乐府诗歌；

[1] 何奕恺. 人物书写的图文反思——以中国古代像传体为中心 [J]. 文化艺术研究，2010（1）：186-199.

再如元代忽思慧所著的《饮膳正要》，其中的动植物图像是对其形态的描述，而文字多为该植物的性味及食用效果等；还有苏颂的《本草图经》，尽管配有多幅植物图像，但是其描述植物形态的文字与图像很多时候并不相符，因此也无法算作真正意义上的图文体。

综上所述，我们可以认为：尽管在诸多本草、农书中都呈现出文本与图像结合的形式，但在对植物的描述中，图文结合的形式、图文结合的内容及图文生成的方式，决定了其是否属于图文体。从这个意义上讲，《救荒本草》就是具有高黏着度的图文体，而正是这样的图文体，构成了其植物描述的基础。

## 二、图文体建立的学术基础——分类体系

在朱橚所构建的植物描述图文体中，图像与文字描述都是以根、茎、叶、花、果实等植物器官作为基本单位的，这种二级层面描述的统一构成了图文体构建的基础。这种构建方式与其分类思想密切相关，其分类目的决定着分类方法，而分类方法自然也会对植物的文本描述与图像表达产生直接影响。

在传统本草著作中，仅就其中植物而言，可以发现大多数本草著作采用的都是二级分类法，先按照草、木、果、米谷、蔬等进行分类，再在每一类中根据药物性能分为上、中、下三品。由于本草著作中的植物形态描述主要用于在采集过程中辨识植物，其主要对象是药用植

物，因此在二级分类时按其药物性能分类也是与其目的相适应的。服务于此目的，本草著作在植物的图像与文本描述中均着力表现植物的根部，最典型的当属《本草图经》。在该书序言中苏颂虽然非常清晰地指出，要"仔细详认根、茎、苗、叶、花、实，形色大小……堪入药用者，逐件画图，并一一开说"[1]，但在实际图文描述中，由于"草部"植物根部入药的比例极大，因此，《本草图经》中绝大部分图像都着力植物根部的表现，在文本描述中也详细叙述植物根部的形、色。

[1] 苏颂.本草图经[M].尚志钧，辑校.合肥：安徽科学技术出版社，1994：1.

在《救荒本草》中，朱橚采用了三级分类法，首先将植物分为草、木、果、米谷、菜等几大类，再根据植物可供食用的部位进行二级层面的分类，将每一类分为叶可食、实可食、叶和实皆可食、根可食、根叶可食、根及实可食、根笋可食、根及花可食、花可食、花叶可食、花叶及实可食、叶皮及实皆可食、茎可食、笋可食、笋及实可食……再根据以往本草中是否记录该植物，在二级分类之下再分为"本草原有"与"新增"两类。尽管朱橚并未直接言及，但是在三级分类之下还存在有另一层分类，朱橚将一些相似植物排列在一起，比如在米谷部中将野豌豆、山扁豆、回回豆、胡豆、蚕豆、山菉豆等豆类植物排列在一起，从而易于比较。

这种分类方式是与其目的相适应的，李濂在《重刻救荒本草序》中提道：

然五方之风气异宜，而物产之形质异状，名汇既繁，真赝难别，使不图列而详说之，鲜有不以虺床当蘼芜，荠苨乱人参者，其弊至于杀人，此《救荒本草》之所以作也。是书

[1] 朱橚.救荒本草[M]//郑振铎,编.中国古代版画丛刊:第二集.明嘉靖四年李濂刊本影印本.上海:上海古籍出版社,1998:4.

[2] 同[1] 9.

[3] 此处所提根部,是传统概念的"根",并非现代植物学意义上的根,泛指植物所有位于地下的部分,包括部分植物的鳞茎、块茎等。

有图有说,图以肖其形,说以著其用。……或遇荒岁,按图而求之,随地皆有,无艰得者。[1]

而在卞同所做的序言中,亦提及:

是编之作,盖欲辨载嘉植,不没其用,期与《本草图经》并传于后世,庶几萍实有征,而繁可以亨芼者,得不蹢藉于牛羊鹿豕,苟或见用于荒岁,其及人之功利,又非药石所可拟也。[2]

可见朱橚作此书的目的在于救荒,让读者便于辨识植物。正是由于植物食用部位的多样性,并且多为局部器官,使得朱橚在分类时能够按照植物的不同器官进行分类,同时在图文描述时,突出这些不同植物器官,从而实现其图像表达的精确性。

试以以下几部分为例,进行分析:

(1)草部"叶可食"部分,共165种植物,其中仅有20种植物绘制出了根部[3],而其他植物都是仅绘制了地面以上的部分,并且着重突出植物的叶的形态。以"黄耆"一图为例,在《救荒本草》中,图像着重表现其根部以上的部位,而在《本草图经》中,则表现其全株图(图3-7)。

(2)草部"根可食"部分,共24种植物,无论图文,均对植物位于地下的部分进行了细致的描绘(图3-8)。

(3)草部"实可食"部分,共20种植物,其中以禾本科、豆科以及葫芦科植物为主,因此在绘图时着重描述禾本科种子集中的花序部分、豆科的豆荚及瓜果类的果实(图3-9)。

合理的分类体系,为植物描述体系中的图文表达奠

图 3-7 《救荒本草》
与《本草图经》黄耆图

◇注：图像分别源自
朱橚《救荒本草》（版本
同图 3-1）；苏颂《图经
本草》（辑复本），胡乃
长、王致谱辑注，福建科
学技术出版社1988年版。

《救荒本草》黄耆图　　《本草图经》黄耆图

图 3-8 《救荒本草》"根
可食"图像示例

◇注：图像来源同图 3-1。

沙参　　　　　　　　　老鸦蒜

图 3-9 《救荒本草》
"实可食"图像示例

◇注：图像来源同
图 3-1。

燕麦　　　　丝瓜苗

定了基础。然而，同样是突出局部器官，朱橚所采取的方法，与上一章中所讲述的李中立绘制局部器官的药材图也是截然不同的。究其原因，这亦是由于各自绘图目的所主导，李中立所绘制的药材图，是为了便于在药材鉴定中辨识药材形状，鉴定药材真伪，与植物原生状态并无关系；而朱橚则是为了指导野外救荒植物的采集，因此需要绘制整株植物的轮廓，而在图文表现上重点突出其食用部位。

## 三、图文体建立的社会文化基础

郑金生先生曾对中国古代本草图文关系进行了统计研究，他指出"一部本草书的正文和图画出自异手，且两者之间缺少必要的沟通的话，就不可避免地会出现图、文不符的弊病"[1]。但《救荒本草》是一个例外，其图像与文字出于异手，却形成了黏着度较高的图文体，这反映了《救荒本草》创作过程中组织者、文字的缔造者、画工以及刻工之间的紧密配合。

笔者在第一章述及，明万历之后，出于刊刻成本等各方面考虑，很多本草著作的组织者或是编纂者都没有专门延聘画工进行植物图像的绘画。尽管注意到图像与文本需要配合，但由于绘画技巧欠佳以及版刻质量稍逊，导致当时很多版刻本草图像质量较为粗糙。包括由李时珍的儿子李建元所绘制的《本草纲目》中的图像，亦是如此，考虑到《本草纲目》从成书到付梓期间所经历的

[1]郑金生.论中国古本草的图、文关系[C]//傅汉思,莫克莉,高宣,主编.中国科技典籍研究——第三届中国科技典籍国际会议论文集.郑州：大象出版社,2006：210-220.

周折，不得不认为这是由于出版财力所限而为之。然而对于朱橚而言，其特殊的藩王身份，使得《救荒本草》有着足够的费赀保障，这也正是其能够实现文本、图像以及刊刻水准均为上乘，并能达到图文完美结合的经济基础所在。

另外，《救荒本草》能建立这样的图文描述体系，与其所处的文化环境不无关系。朱橚所在的开封城是在宋代东京里城的基础上修建而成，有着丰富的园林与植物资源。据《如梦录》中描述，在周王府宫殿后有座煤山，山上"松柏成林""奇石异花，重峦叠嶂"，礼仁门东北有寿春园，园中有山洞，"四面俱是菡萏、芰菱、水红、菖蒲。赤绿芬芳，金鱼跃浪，锦鸳戏波，鸥鸭浮沉，水鸟飞鸣。池畔遍栽芙蓉等树，入秋花开如锦"，龙窝园内"尽是木香、木樨、松柏、月季、宝相花等编成墙垣；茨松结成楼宇；荼蘼、木香搭就亭棚。塔松森天，锦柏满园，松狮柏鹤……万紫千红，种种不缺，有四时不谢之花，八节长春之景。"[1] 当时的开封城不一定有宋徽宗所造艮岳的规模，然而宋代大造园林之风得以延续。这种崇尚植物文化的风尚，对整个社会造成了一定的影响。因此在开封城这块地方，诞生了藩王朱橚的《救荒本草》，还有李中立的《本草原始》，甚至著成《植物名实图考》的吴其濬所在的固始县也距此不远——这不是巧合，而是在一定程度上受到整体文化环境的影响。

受到植物文化的影响，朱橚身边聚集了一批才识卓越的人。与《救荒本草》完成时间相差不多的《普济方》，书中明确说明，其是由朱橚、滕硕、刘醇等人共同编纂的，

[1] 佚名.如梦录[M].孔宪易，校注.郑州：中州古籍出版社，1984：9-11.

可见当时有着一个浩大的团队。尽管《救荒本草》并未提及具体参与人员，但朱橚与这些学者的交往必将有助于《救荒本草》的编纂。而且朱橚"辟东书堂以教世子，长史刘醇为之师"[1]，周世子朱有燉"博学，工诗古文辞，旁通绘事，而楷篆尤冠绝一时"[2]，还著有《牡丹谱》等。朱有燉亦极有可能参与了《救荒本草》的工作，而他如此博学多才，可见其师必然才能广博。东书堂也被传为佳话，"画手新成本草图，东书堂内集琴书"[3]。可见当时朱橚身边才艺各殊的人为《救荒本草》的刊行提供了基本的保障。

尽管《救荒本草》的图文并非出自同一人之手，但其中的文字与图像契合度非常高。在植物文化盛行的环境中，朱橚组织了众多能人异士，又能提供足够的经济保障，使得该书以精良的版刻质量付梓，这才保证了《救荒本草》高质量。

[1] 张廷玉.明史：卷一百十六 [M].北京：中华书局，1999.

[2] 祥符县志：卷之五 [M].刻本.

[3] 史梦兰.全史宫词 [M].北京：大众文艺出版社，1999：600.

◎

第二节

《救荒本草》图文体的流传

《救荒本草》中的图文体形式在后世有所流传，但可能由于刊刻成本的原因，流传并不广。《救荒本草》仅在嘉靖年间被翻刻过两次，后来被收录于徐光启的《农政全书》。另外鲍山著成的《野菜博录》中也有不少植物的图文来自《救荒本草》，以至于后人认定其为抄袭。在吴其濬的《植物名实图考》中，亦有部分图文直接来源于《救荒本草》。

## 一、徐光启与《救荒本草》

徐光启在《农政全书》中收录了《救荒本草》的内容，并对其中很多植物进行了进一步的检验并在书中予以注释，均标注有"玄扈先生口"[1]之语。在验证注释的同时，徐光启还对其中很多植物的顺序进行了调整，对图像进行了更改。

从图文构成的形式上，《救荒本草》（《农政全书》本）与嘉靖四年（1525年）李濂刊本有所不同。李濂刊本并未刻意对其图文进行编排，仅是在每一种植物的描述文字结束后绘制图像。在《农政全书》中，图文分立于两个页面内，由于晚明时期线装书的形制所限，其页面由外向内对折，而制版右侧为图像、左侧为文字，因此对折之后，同一种植物的图像与文字无法同时呈现在读者面前。这种形制导致阅读过程中，右侧的文字是前一页图像的说明，而要看左侧图像的文字，则需要翻页，这给植物辨识中的图文对照造成一定不便。这尽管只是

[1] 徐光启，字玄扈。

一个小的版刻问题，但无疑降低了其图文的黏着度。

《农政全书》中这样的编排方式似乎可以解释另一个问题。徐光启在收录《救荒本草》时，调整了一些植物的顺序，并将原本 4 卷的书改成了 16 卷。王家葵对这样的顺序及版式改易进行了详细的说明[1]，并将其因归结于徐光启的学风问题，认为他似有剽窃《救荒本草》之嫌，而闵宗殿似乎也含蓄地表达了类似的观点[2]。固然在明代任意改动原著的风气盛行，但是，我们必须注意到，徐光启在每一卷起始，都会特别注明"采周宪王[3]《救荒本草》"，并且在正文中可以看到徐光启对很多植物进行了品尝、考辨，且均由"玄扈先生曰"引出自己的观点。倘是意于剽窃，又似乎解释不通。如果我们联系其刊刻过程，也许能对此进行解释。由于在版刻过程中，每一版即为一种植物，每种植物之间都是相对独立的，而这种独立可能会使得徐光启对其中的植物顺序并不重视，这可能与当时不严谨的学风有关，而无关剽窃。

就图文内容而言，徐光启对文字并未做出太多变更，他抱着求证的态度，对很多植物亲自品尝，再做出一些注解，但图像却有了很大的变化。天野元之助将其图像与李濂版本进行了对比，指出 11 种植物与原书不同[4]，闵宗殿亦指出其中两种不同[5]。然而倘若仅有个别植物图像进行了变更，我们不会对两个不同版本的图像评价差异如此之大。笔者对其进行理论梳理，发现至少有 60 余种植物在图像上都是有所不同的（表 3-1）。

[1] 朱橚.救荒本草校释与研究[M].王家葵，张瑞贤，李敏，校注.北京：中医古籍出版社，2007：427-430.

[2] 闵宗殿.读《救荒本草》（《农政全书》本）札记[J].中国农史，1994(1)：98-102.

[3]《救荒本草》出于周定王朱橚之手，周王府长史卞同作于永乐四年的《救荒本草》序言即是直接证明，且《明史》有所记载；但李时珍《本草纲目》和徐光启《农政全书》均记为定王之子周宪王朱有燉的作品，此记载有误。王家葵曾对该问题进行了考证，认为本身知道朱橚谥号的人就相对较少，在其去世百数十年后，说起周王，时人最容易想到的是他的儿子宪王，而非定王，遂连续出现父冠子戴的事情。详见朱橚原著《救荒本草校释与研究》。

[4] 天野元之助.中国古农书考[M].彭世奖，林广信，译.北京：农业出版社，1992.

[5] 同[2].

表 3–1 《救荒本草》（李濂刊本）与
《救荒本草》（《农政全书》本）图像差异

| 植物 | 《救荒本草》（李濂刊本） | 《救荒本草》（《农政全书》本） |
|---|---|---|
| 石竹子 | 花顶缘较整齐；叶狭长 | 花顶缘不整齐，有深裂；叶椭圆 |
| 萱草花 | 花瓣上无斑点 | 花瓣上有斑点，可能与百合、卷丹等植物混淆 |
| 车轮菜 | 叶脉呈弧形 | 叶脉呈网状 |
| 马兜铃 | 叶脉为弧形叶脉 | 叶脉部分呈弧形，部分为网状 |
| 桔梗 | 花型似牵牛，呈五角星状 | 花型呈筒状，呈五瓣圆形 |
| 独扫苗 | 叶形较为浓密 | 对原植株进行了简化 |
| 金盏儿花 | 花型呈典型菊科头状花序 | 花型较为简化 |
| 千屈菜 | — | 对原植株进行了简化 |
| 山甜菜 | — | 对原植株进行了简化 |
| 鹅肠儿 | — | 对原植株进行了简化 |
| 小桃红 | 叶边缘有锯齿；图像较为形象 | 未呈现出叶缘锯齿；对图像进行简化，花型不相似 |
| 地棠花 | 叶缘有不显著锯齿 | 叶缘平整光滑 |
| 鸡儿肠 | — | 对原植株进行了简化，叶缘无稀锯齿 |
| 水落藜 | 叶子全为阳刻 | 部分叶片为阴刻 |
| 蝎子花菜 | — | 对原植株进行了简化，叶形不相似 |
| 白蒿 | — | 修订了原图的基生叶 |
| 蚵蛅菜 | 叶脉为弧形叶脉 | 叶脉为网状 |
| 水葫芦苗 | — | 原图简化 |
| 水棘针苗 | — | 植物轮廓进行调整 |
| 独行菜 | — | 植株简化 |
| 麦门冬 | 无花 | 有花 |
| 菖蒲 | 一图 | 两图，对原图简化 |
| 山蔓菁 | 三株 | 两株，对原图简化 |

续表

| 植物 | 《救荒本草》<br>（李濂刊本） | 《救荒本草》<br>（《农政全书》本） |
|---|---|---|
| 鸡头苗 | — | 未画出锯齿 |
| 川谷 | — | 简化 |
| 莠草子 | — | 植株简化，三株改为两株 |
| 野黍 | — | 植株简化 |
| 燕麦 | — | 植株简化，三株改为两株 |
| 泼盘 | 茎上有刺 | 未画出茎上刺 |
| 丝瓜苗 | 有花 | 无花 |
| 锦荔枝 | — | 对原图简化 |
| 杏叶沙参 | — | 对原图简化，两株改为一株 |
| 水慈姑 | 平行叶脉，三瓣花 | 网状叶脉，单瓣花 |
| 茶树 | 无花 | 有花，两图完全不同 |
| 白辛树 | — | 对原图进行简化 |
| 柏树 | — | 重绘，完全不同 |
| 柘树 | 有刺 | 无刺 |
| 櫄齿花 | — | 对原图进行简化 |
| 榆钱树 | — | 对原图进行简化 |
| 野豌豆 | 偶数 | 奇数 |
| 御米花 | 茎光滑 | 茎有刺 |
| 樱桃树 | — | 重绘图，完全不同 |
| 菱角 | 有水中生活环境 | 无生境 |
| 石榴 | — | 重绘图，完全不同 |
| 枣树 | 弧形叶脉 | 网状叶脉 |
| 苋菜 | 弧形叶脉 | 网状叶脉 |
| 邪蒿 | — | 对原植物进行简化 |
| 茼蒿 | 叶形不同，二回羽状分裂 | 一回深裂 |
| 后庭花 | — | 对原图进行简化 |

《救荒本草》（《农政全书》本）对图像的更改，主要是对其进行简化，大部分未影响到图像的正确性，但从艺术性而论，显然李濂刊本的《救荒本草》要更胜一筹。但前者还有小部分植物图像的改动出现了知识性的错误，比如个别植物叶脉、花型、叶形等的改动，徐光启可能并未注意到这些信息在植物鉴定中的作用，另一方面也可能在版刻过程中出于各种目的的偷工减料，使图像的准确性降低。

从《救荒本草》（《农政全书》本）的图文可以看出，尽管徐光启收录了《救荒本草》全文，但是其在图文构建中出现一些错误，导致图像与文本的黏着度降低，而从图文结合的形制上讲，其版刻形式亦使得这种图文结合并不利于植物鉴定，因此，无法构成比较理想的图文体。

## 二、吴其濬对《救荒本草》图像的继承与吸收

清代吴其濬编纂的《植物名实图考》中的图像颠覆了传统本草图像的范式，已具备现代科学植物图的雏形。但从中也可看出，吴其濬受朱橚的影响非常大。《植物名实图考》对以前的植物文献进行了详尽的梳理，所引文献达到450余种，比较偏重于地理类、农家、医家类的书目。在这450余种文献中，《植物名实图考》引用最多的是《救荒本草》，并且其中很多内容都直接来源于《救荒本草》[1]。

中外很多植物学家均对《植物名实图考》中植物图的精确程度表示肯定[2]，其图像也经常被用于植物的辨别

[1] 张卫，张瑞贤.《植物名实图考》引书考析[J].中医文献杂志，2007（4）：11-13.

[2] 德国植物学家贝勒在其《中国植物学文献评论》中说："《图考》中之图画，其精确者往往可资以鉴定科或目"，并多处赞美其"图极精美"；伊藤圭介评价其"图写亦甚备，至其疑似难辨者，尤极详细精密"。

鉴定工作。在植物表现上，吴其濬在多处采用了局部放大图和图解的模式，在线条运用上比较接近西方的科学绘画。该书成书年代较晚，且吴其濬本人阅历丰富，极有机会接触到西方的作品，因此《植物名实图考》的绘制很可能受到西方近代植物画的影响。但我们依然可以看到，其中不少图像是在《救荒本草》中的图像基础上完成的，构图主体与《救荒本草》完全相同，比如水落藜等图（图3-10）。更有大量图文是直接来源于《救荒本草》的，比如蔬类、隰草类、木类很多植物都直接出自《救荒本草》。

《植物名实图考》中的水落藜图像

《救荒本草》（《农政全书》本）中的水落藜图像

《救荒本草》（李濂本）中的水落藜图像

图 3-10 不同著作中的水落藜图像比较

吴其濬与朱橚在某一点上是非常相似的，即都具有实证精神。这种实证精神在吴其濬身上表现得更为突出。朱橚亲自采集植物种于园圃之中，进行仔细观察并予以记录，在此基础上才纂得《救荒本草》，而吴其濬更是不放过一切观察的机会，"鬼臼此草生深山中，北山见者甚少。江西岁植之圃中为玩，大者不易得。余于途中，适遇山民担以入市，花叶高大，遂亟图之"[1]。有些植物，吴其濬亲自栽培，便于观察。他将薏苡的种子"掷之庑砌，辄秀而实，非难植者"[2]。对于地黄，他"辄拟买一弓地，寻能植地黄者，移而沃之，以为服饵"[3]。不仅如此，他还虚心求证于田间老农，对于不确定的问题留下备考。

虽然吴、朱二人都有着较强的实证精神，但若论及图文相互配合程度，《植物名实图考》与《救荒本草》则是两种截然不同的风格。朱橚力图通过实际的观察与实验，去描述出植物的形态，因此他很少求诸古代文献典籍，其图文描述大多是来源于对植物直接的观察。而在《植物名实图考》中，尽管吴其濬所绘制的图像都是直接针对观察对象，亦有着比朱橚更为显著的实验、观察倾向，但从文本的角度考虑，其很多文字都是借助于观察的手段，对历代与之相关的文献进行考订，从而对植物进行鉴别，并且在很多文字中并没有对植物形态的直接描述。因此，在很多植物描述中，其文本与图像的关系，从植物构成的二级层面上讲，并非紧密结合，从图文生成的角度讲，二者很多时候也是相互分离的。从这个意义上讲，《植物名实图考》尽管有着优秀的插图传统，其植物考订也非常准确，更接近于现代意义上的植物学，但由于

[1] 吴其濬.植物名实图考：卷二十四 鬼臼[M].北京：商务印书馆，1957.
[2] 吴其濬.植物名实图考：卷一 薏苡[M].北京：商务印书馆，1957.
[3] 吴其濬.植物名实图考：卷十 地黄[M].北京：商务印书馆，1957.

吴其濬编纂该书的目的在于"图考"，它依然延续了传统名物考订的思路，正如梅泰理所说，其图像依旧是文献式的 [1]；而《救荒本草》却更类似于一部现代意义上的河南开封地区的植物志雏形。

[1] 安德列－乔治·奥德里古尔，乔治·梅泰理.论中国的植物图[M]//龙巴尔，李学勤，主编.法国汉学：第1辑.清华大学出版社，1996：523.

第三节

其他救荒植物著述中的图与文

事实上，在系统化的救荒食用植物著述出现之前，在民间就已经有广泛的野菜食用传统。民间的野菜食用大致有两种情况，一种是丰年时改善饮食口味，比如黄庭坚的"竹笋初生黄犊角，蕨芽初长小儿拳。试寻野菜炊春饭，便是江南二月天"[1]；另一种则是荒年时的食物填充，比如"剥榆树餐，挑野菜尝。吃黄不老胜如熊掌，蕨根粉以代糇粮。鹅肠苦菜连根煮，获荀芦莴带叶噇，则留下杞柳株樟"[2]。在民间野菜文化之下，除朱橚、徐光启等人悲百姓之疾苦，纂成系统的救荒著作外，还形成了各种易于诵读的救荒食用植物著述，其中不乏图文并茂者。本节以王磐的《野菜谱》、周履靖的《茹草编》、姚可成的《救荒野谱》为核心，探讨这类救荒著述中的图像。

[1] 黄庭坚.春阴 [M]// 刘克庄，编集.后村千家诗校注．胡问侬，王皓叟，校注.贵阳：贵州人民出版社，1986：8.

[2] 刘时中.正宫·端正好·上高监司 [M]// 历代诗歌选（下）.季镇淮，冯钟芸，陈贻焮，等选注.北京：中国青年出版社，2013：207.

## 一、其他野菜著述图文构成

明万历十四年（1586 年），江苏高邮人王磐纂成救荒植物谱录《野菜谱》，共收录救荒植物 60 种，该书最突出的特点就是以文本、图谱、歌谣相结合的方式来记述各种野菜的基本生物学特性及采食方法。文字部分包括大字体的植物名称、小字体的采食季节与食用方法、大字体的植物歌赋（反映当时社会现状与下层百姓民不聊生的生活状态），并在底部附一幅相应植物的图像（图3-11）。仅 6 种植物附有简单的形态描述，比如马兰"生湖泽卑湿处，赤茎，白根，长叶有刻齿状"。这构成了《野菜谱》植物文字介绍的一种基本模式。

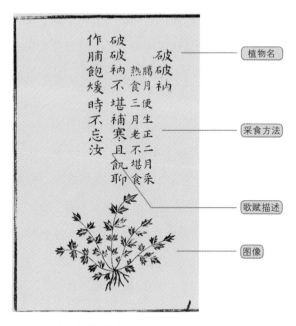

植物名

采食方法

歌赋描述

图像

图 3-11 《野菜谱》植物图文描述
◇注：图像源自王西楼《野菜谱》，
万历十四年本，日本国立国会图书馆藏。

在《野菜谱》的基础上，姚可成对其进行了增补，编成《救荒野谱》，约成书于明崇祯十五年（1642年）。卷上系王磐《野菜谱》之内容，卷下为姚可成增补的60种植物，体例与《野菜谱》相同，每种均是一图一歌谣，或注明产地（图3-12）。该书现存日本正德五年（1715年）皇都书铺白松堂刻本、清嘉庆十三年（1808年）书林张海鹏校刻本。

姚可成基本沿用了王磐所采用的植物名、采食方法、歌赋描述、图像描绘体系，并在此基础上，在植物名的下面用更小号的字注明了采食部位，将原本的字体改为了匠体字，并对几乎所有图像都进行了重绘更改。增补部

破破衲 食茎叶，
腊月偎生，正二月采，熟食，
三月老不堪用。

破破衲不堪补寒且飢瑲，
作糊饱煖时不忘汝。

- 植物名
- 食用部位
- 采食方法
- 歌赋描述
- 图像

图 3-12 《救荒野谱》植物图文描述

◇注：图像源自《救荒野谱》一卷
补遗一卷，正德五年本，日本国立国会
图书馆藏。

分内容及其目录，也像《救荒本草》一样进行了二级分类，按照植物的食用部位进行再次分类。在其食用部位中，多了一类"食苔"，该类别主要包括如地软等藻类植物。在姚可成自己增补的 60 种植物中，可以看出其中对采食方法的描述明显详细很多，大部分都有对植物形态的描述，比如车前草，其形态描述为"一名当道，一名车轮，此草好生道边，故有诸称。春初生苗叶布地，团而微尖，面有棱线，如白萼花叶"。

周履靖于明万历二十五年（1597 年）编绘完成了《茹草编》，是其亲自在山野采集可食用的野生植物，通过访问调查、绘图等实践编制而成的一部野菜著述。全书由三卷组成，前两卷共收录野生植物 100 种，均以绘图并辅以乐府诗词的形式来介绍其采集时间及食用之法。

　　周履靖在这里将植物名与植物歌咏诗词写在最上端，而将植物的采食季节与方法写于下端左侧，右侧绘制植物图像（图 3-13）。

　　此外，另有鲍山于天启壬戌年（1622 年）完成的《野菜博录》，其中记载了野生植物 435 种。鲍山号称在白龙潭筑室隐居七年之久，在此期间，他曾采摘野菜，参考《救荒本草》按照品类、性味及调制方法撰写成此书。书中对植物的描述、图文与《救荒本草》颇为相似，王家葵曾认为该书抄袭《救荒本草》与《野菜谱》[1]，其分析较为可靠。

[1] 朱橚.救荒本草校释与研究 [M].王家葵，张瑞贤，李敏，校注.北京：中医古籍出版社，2007：439.

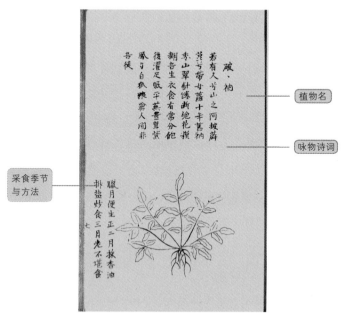

植物名

咏物诗词

采食季节与方法

图 3-13　《茹草编》中植物图文描述

◇注：图像源自周履靖《茹草编》，日本国立国会图书馆藏。

从图文结合形式的角度考虑，这几部著述都很好地实现了图文的配合，将图像与文本置于同一页，使得读者能够方便地进行图文对照，从而在图像与相应文本之间建立起对应关系。

但从图文内容结合的角度来看，这几部著述的文本内容显然并未直接涉及对植物形态的描述，而文字均是以诗词、乐府、植物食用方法等为内容的，尽管在文字描述、植物名和植物图像三者之间建立起了联系，但文字描述与植物图像的内容并不一致。

再从图文生成的角度讲，图像并不能直接从文字生成，而文本亦无法由图像还原，这两者虽是对植物体本身的直接描述，但两者之间并无直接关系，需要借助于植物名称这个中介来生成。

在这几种著述中，作者将植物形态描述的全部功能都交给了图像。因此，这几种著述的图文结合并不好，只能算是形式上的"图文式"，而并非像《救荒本草》一样是真正意义上的"图文体"。

## 二、不同著述间图像分析

由于在这几部著述中，其植物形态均是用图像来表述的，文字中很少涉及，因此我们主要将目光集中于图像。徐光启在《农政全书》中不仅收录了《救荒本草》，还收录了王磐的《野菜谱》，但所收《野菜谱》的图像与原版本相比变化较大，而姚可成在《救荒野谱》中的增补亦有所不同，周履靖在其《茹草编》中的图像亦自有其特点，在此将集中对这四者的图像进行分析。

以白鼓丁（图 3-14），也就是蒲公英（*Taraxacum mongolicum*）为例：

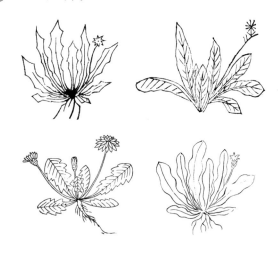

图 3-14　不同著作中蒲公英图像比较

◇注：从左到右、从上到下图像依次为《野菜谱》（原版本）、《野菜谱》（《农政全书》本）、《救荒野谱》以及《茹草编》中的白鼓丁图像。

可以看出，不同书籍中的蒲公英图像有一定相似性，都绘制出了茎、叶、花等基本特征，在《野菜谱》和《救荒野谱》中更是细致地绘制出了叶脉形状。总体而言，这几幅图像都能比较准确地反映出蒲公英的特征来。

再以野绿豆（图 3-15）为例：

可以看出，四个版本的图像都能较好地反映出野绿豆的叶片、卷须等特征，《野菜谱》和《茹草编》很好地反映出野绿豆中的豆子情况，而《野菜谱》（《农政全书》本）和《救荒野谱》并不能体现出这一点，《救荒野谱》却进一步反映出了叶脉的细致结构。

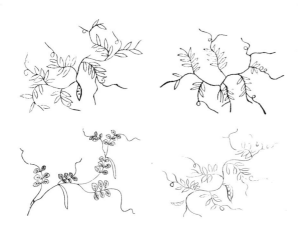

图 3-15 不同著作中野绿豆图像比较

◇注：从左到右、从上到下图像依次为《野菜谱》（原版本）、《野菜谱》（《农政全书》本）、《救荒野谱》以及《茹草编》中的野绿豆图像。

尽管不同著述的图像在植物细节特征的表现力度上有所差异，但是这几部在民间流传的救荒植物著述似乎形成了固定的图像模式，即都是在既有的基础之上进行改善，而没有做出非常大的变化。因此，我们认为当时在民间形成了一种植物形态的图示。尽管这几种植物著述的图像较为简单，但是都能够抓住其关键特征，极有可能是明代版刻插图盛行的一种产物。

在关注其共性的同时，笔者还注意到在《救荒野谱》相比于《野菜谱》增补的 60 余种植物中，有一部分出自《救荒本草》。尽管受到《救荒本草》的影响，但《救荒野谱》在图像表述上却与《救荒本草》并不相同，比如增加了很多植物的生活环境等。

《茹草编》除了与《野菜谱》中图像一致者，还增加了其他种类，尤其是木本植物中的果类植物，而对其多采用折枝的画法进行绘制。

## 三、民间图文救荒植物模式形成探讨

以上几部民间救荒植物著述，无论在形制上还是内容上，均呈现出明显的相似性。而这种救荒植物著作模式的形成与作者的出身、人生经历及阅读兴趣不无关系。

《野菜谱》的作者王磐，字鸿渐，高邮人。"有隽才，好读书。洒落不凡，恶诸生之拘挛，弃之，纵情于山水诗画间，尤善音律，度曲清洒。……一时名重海内，多愿与纳交。所著有《西楼乐府》《野菜谱》《西楼律诗》等集。"[1]而张守中在《刊王西楼先生乐府序》中也介绍其"翁琴、弈、诗、画咸精，不特长于词学而已"[2]。这从其乐府词"我是个不登科逃名进士，我是个不耕田识字农夫……兴来时画一幅烟雨耕图，静来时著一部冰霜菊谱，闲来时撰一卷水旱农书……"[3]中亦可看出王磐精通于绘画、诗词，而著菊谱，亦见其喜好植物。因此，在王磐的著作中，有很多与农学、田园闲适相关的诗词，不少作品亦是其性格精神的写照，其中不乏一些愤世嫉俗、反映现实黑暗、具有深刻社会意义的作品。

如果将这些联系起来，就不难理解其《野菜谱》的构成形式了。王磐的文字描述的关注点并不在于植物形态，而在于对该植物的采集、加工以及当时百姓生活的反映。从其所附乐府诗中，能够看出其对平民惨淡生活的关切，比如江荠条"盛暑皆可用。花时不可食。但可作菹。腊月生。江荠青青江水绿，江边挑菜女儿哭，爷娘新死兄趁熟，止存我与妹看屋"[4]。而这正是王磐诗、画以及植物、农业知识的一个汇聚，并且文风犀利，正

[1]（万历）扬州府志：卷十八 [M]//北京图书馆古籍出版社编辑组，编.北京图书馆古籍珍本丛刊25.北京：书目文献出版社，1991.

[2] 落魄香，王毅，选注.元明清曲选（上）：元杂剧 元明清散曲 [M].西安：太白文艺出版社，2004：466.

[3] 王磐.王西楼乐府 [M].李庆，点校.上海：上海古籍出版社，1989：1.

[4] 王磐.野菜谱 [M].刻本.东京：日本国立国会图书馆，1586（明万历十四年）.

是其延续了乐府一贯反映的主题。

而《茹草编》的作者，周履靖，浙江嘉兴人。他"好金石，工书法，专力为古文诗词，亦为戏曲。隐居不仕，编篱引池，杂种梅竹，读书其中"[1]。与王磐类似，周履靖兼具诗词歌赋之长技、闲云野鹤之雅兴，因此也为其奠定了编写该书的基础。而周履靖也是一位刻书家，曾在南京开设荆山书坊，合者为明代南京著名书坊之一，并自刻《夷门广牍》，其中便包含草木、禽兽、食品等相关内容，包括《山家清供》《茶品要录》《种树书》《兰谱奥法》《梅品》《菊谱》《芋经》《促织经》《兽经》等，与绘画相关的还刻有《画薮七种》。在这样的知识背景之下，他完成《茹草编》创作似乎也是顺理成章的。

在这些著作中，编纂者的关注点与朱橚有着本质的不同。朱橚将更多的关注点放在了植物形态的辨识上，无论其图像还是文字，其目的都在于描述植物形态，因此形成了图文结合的植物描述"图文体"。在此类救荒植物著述中，均是以植物本身为中心，对其不同方面进行介绍，而对植物形态的描述，则仅由图像来承担，文本描述与图像之间以植物本身为中介构成了"图文式"。通过以上的论述可以看出，这在一定程度上与作者的兴趣点以及创作著作的出发点不无关系。

[1] 王影，蒋力余.中国历代梅花诗抄 [M].深圳：海天出版社，2008：160.

◎

第四节

图像还是文本？——读者的视角

如前所述，对于救荒食用植物的形态描述，不同的著作中有着不同的表现形式，既有图文紧密结合的"图文体"，也有图文松散结合的"图文式"。这些不同形式的救荒植物著述，其影响力有何差异？本节尝试从受众的角度出发，对其进行分析。

对于《救荒本草》而言，可以看到其对受众的影响主要表现在三个层面。首先，《救荒本草》之后的不少本草、农书以及植物学相关著述中，都利用其中植物描述图文体对植物进行考证；其次，其植物考证中的实证方法，被后来本草、农书研究者吸收；再次，不少植物加工食用方法在民间得以流传。

在植物描述方面，吴其濬在著述《植物名实图考》的过程中，就大量参考了《救荒本草》的图文内容，从这个角度讲，我们亦可认为吴其濬也是《救荒本草》的读者。他在考证植物时，不仅大量引用其中图文，还依靠其中的图文体描述对植物进行判别，从而准确鉴定植物。以下摘选其著作中一些内容在考证植物中对图文体的利用：

雀麦，《救荒本草》图说极晰，与燕麦异。（卷一·雀麦）

鹿藿，《救荒本草》图说详晰。

大柴胡，微似《救荒本草》竹叶柴胡而花异。

甜远志，《救荒本草》图亦是小叶者，夷门所产，自是小草。

款冬花，《救荒本草》：款冬花叶似葵而大，开黄花，嫩叶可食。今江西、湖南亦有此草，俗呼八角乌，与《救荒本草》图符，从之。

雷公凿，李时珍以老鸦蒜为即石蒜，引即《救荒本草》。

而《湖南志》中或谓荒年食之，有因吐致死者。余谓《救荒本草》断不至以毒草济人，此是《纲目》误引之过。考《救荒本草》并无花叶不相见之语，其图亦无花实。此根叶与老鸦蒜图符，而生麦田中，乡人取以饲畜，其性无毒。余尝之味亦淡，荒年掘食，当即是此，断非石蒜。（卷十三·雷公凿）

鼠尾草，《救荒本草》谓之鼠菊，叶可炸食，细核，所绘形状，与马鞭草相仿。

螺厣草，按《救荒本草》有螺厣儿，形状不相类，恐非一种。

黄芦木，《救荒本草》图圆叶如杏，与此木迥别。[1]

同样，李时珍在《本草纲目》中，对植物的鉴定亦参考了《救荒本草》中的不少图文，比如：

一种茳芒决明，《救荒本草》所谓山扁豆是也。苗茎似马蹄决明，但叶之本小末尖，正似槐叶，夜亦不合。秋开深黄花五出，结角大如小指，长二寸许。角中子成数列，状如黄葵子而扁，其色褐，味甘滑。

利用《救荒本草》图文体进行植物考证的工作一直在延续，从未中断过。德国植物学家和汉学家贝勒（E.Bretschneider,1833—1901）从 1851 年开始研究《救荒本草》，并在 1881 年出版的《中国植物志》（*Batanicum Sinicum*）中，依靠其图文，对其中 176 种植物进行了鉴定[2]。1946 年，英国学者伊博恩（Bernard E.Read,1887—1949）出版了《〈救荒本草〉中所列的饥荒食物》（*Famine food listed in the Chiu Huang Pen Ts'ao*）一书，通过其图文对这些植物的名称进行了考订[3]。另外，我国植物学家王作宾对《农政全书》转录自《救荒本草》的植物进行了考订。近年来，又有倪根金、王家葵、张翠君等人继

[1]吴其濬.植物名实图考[M].北京：商务印书馆，1957.

[2]罗桂环.朱橚和他的《救荒本草》[J].自然科学史研究，1985（2）：189-194.

[3]READ B E. Famine foods listed in the Chiu Huang Pen Ts'ao[M].[S.l.]: British Council, 1946.

续依据其图文进行考证工作。

而在日本，岩崎常正的《救荒本草通解》和《本草图谱》，宇田川榕庵的《植学启原》等均受其影响 [1][2]。这些学者在进行植物书籍的编纂过程中，都会参考《救荒本草》的内容及其图文体系。

以上可见，尽管《救荒本草》建立了较好的图文描述体系，但是其影响主要在学者士人层面和植物研究的学术层面，对民间产生的影响极小，其在地方志文献中被广为记载的是其中的植物加工与食用方法，而并非形态描述。相反，诸如《野菜谱》《茹草编》《救荒野谱》之类，影响力则主要在民间。由于此三者在创作过程中，形成了朗朗上口的歌诀，易于诵读的植物诗词形式，能够切实反映普通百姓生活的散曲内容，更能在普通百姓中引起共鸣。故而，其野菜植物名称要比《救荒本草》更多被引用。

在高濂所撰写的《遵生八笺》（1591年）中，有"野蔌"一类，其中注有"余所选者，与王西楼远甚。皆人所知可食者方敢录存，非王所择有，所为而然也" [3]。可见高濂在此收录的植物均是已经在民间广泛流传的，而其中有30余种植物名称与描述都与《野菜谱》完全一致，可见《野菜谱》与民间的野菜食用情况也是非常贴近的。

在《西游记》第八十六回中所描述的"渔樵宴"中，就记载有将野菜作为平常菜肴的吃法，其中涉及39种植物，38种与《野菜谱》中的名称完全相同 [4]。仅有"莴菜荠"来源不明，"莴"与"荠"是两种截然不同的植物，"莴菜荠"一名也无可考，因此极有可能为《野菜谱》中的"蒿

[1] 罗桂环.朱橚和他的《救荒本草》[J].自然科学史研究，1985（2）：189-194.

[2] 罗桂环.《救荒本草》在日本的传播[J].中国史研究动态，1985（1）：60-62.

[3] 高濂.遵生八笺[M].兰州：甘肃文化出版社，2004：489-498.

[4] 伊永文.明代衣食住行插图珍藏本[M].北京：中华书局，2012：78-79.

柴荠"之误。

[1] 滑浩.野菜谱[M]//上海古籍出版社,编.生活与博物丛书:饮食起居编.上海:上海古籍出版社,1993:246-255.

[2] 胡古愚.树艺篇[M].明纯白斋抄本//续修四库全书编纂委员会.续修四库全书.上海:上海古籍出版社,1996.

[3] 戴羲.养馀月令[M].北京:中华书局,1956.

[4] 李光地.钦定四库全书荟要:御定月令辑要[M].长春:吉林出版集团有限责任公司,2005.

[5] 孙新梅.明代通俗丛书的社会生活史价值[M]//周少川,编.历史文献研究(总第32辑).上海:华东师范大学出版社,2013:221-227.

此外,王磐的《野菜谱》还被滑浩同名之作传抄[1];明代抄本的《树艺篇》亦收录了《野菜谱》的内容[2],在戴羲所撰的《养馀月令》中,还将《野菜谱》中的植物按照采收季节的不同进行了重编[3],清代李光地所著的《御定月令辑要》亦沿用了这种方法[4],可见其内容已经相当普及。高濂的《野蔌品》又收录在当时流行的《居家必备》之中,周履靖的《茹草编》亦在其所著的《夷门广牍》之中。而《居家必备》与《夷门广牍》均为明代通行的通俗日用类书[5],亦可见其与普通百姓日常生活之贴近。

然而,不仅此类附有图像的救荒植物著作得以流传,《野菜笺》等没有图像仅有文字的救荒植物著作亦流传广泛。这类作品广为流传的主要原因在于其易于诵读识记的内容,而并非图像或者图像与文字的结合体。从这个角度讲,此类著作中的图像对于普通百姓并没有太大价值,因为在普通百姓的实际生活中,辨识植物时很少依赖书本知识,更多的是经验性的知识相互传递,所以这些脍炙人口的歌谣作为经验知识的传递载体,远比图像影响力要大。

因此,在植物形态描述中以"图文体"为特征的《救荒本草》,其影响力更多集中在学者阶层。《救荒本草》的性质本身就类似于一部河南开封地区的植物志,为后世的植物考证提供了图文信息。而以《野菜谱》为代表的歌谣式救荒植物著述,其中图像的地位并不突出,是为一种图文松散配合的"图文式",其文字的传播力远甚于图像,影响力主要在民间。

163

第四章

画者的本草学：彩绘药用植物图像研究

丹青绮焕，备庶物之形容。

——孔志约《新修本草序》

　　早期的本草植物图并未从绘画中独立出来，多以艺术价值较高的彩绘图的形式展现，这些图像在承担认知功能的同时兼具审美功能。宋代以后，伴随着版刻技术的发展，药用植物图多以木刻版画的形式出现在本草典籍中，并且这种形式在明代大行其道、广为流传。尽管如此，彩绘本草植物图像的传统并未就此中断。在重视养生、药苗文化盛行的宋代，药用植物也作为一种时兴的文化符号进入画者的视野中；至明代，在各种因素的交织下，宫廷画家对本草植物图像着墨较多，同时这种本草图像也引起了民间画家，尤其是女性画家的兴趣，成为闺阁画家平日习画的"粉本"，使得本草图以习画范本的方式进入到明代艺术绘画的范畴中。孔志约曾在《新修本草序》中所言的"丹青绮焕，备庶物之形容"的彩绘本草图像，在这些传统画家手中得以延续，此类图像精美绝伦、色彩绮丽，在美术史上广受赞誉。

　　然而，作为承载植物知识的本草图像，其最基本的原则应该是准确展现植物形态，然后才能谈及艺术审美价值。那么这些看似精美绝伦的图像，是否能够达到"备庶物之形容"？郑金生曾对这些彩绘本草图进行过系统考察，梳理了明代彩绘本草图的传承，指出其中图文分离、图文不符等诸多弊病。可是，尽管彩绘本草图的传播力度远不及版刻本草图，但在当时的环境下，本草编纂者为何还会选择彩绘图像？参与本草绘画的画家所具备的

草木花实敷——明代植物图像寻芳

植物知识如何？他们又对本草图像持有何种观念？这种本草图像是如何进入艺术绘画的领域之中的？本章在郑金生等前人研究的基础之上，透过这些彩绘本草植物图，探讨画者视角下的本草知识与图像表现，以及中国古代植物图像知识传播中所呈现的一些问题。

◎

第一节

明代以前的药苗文化与彩绘本草植物

药用植物，一直多属治本草者的关注范畴，然而唐宋以降，药苗逐渐走进普通百姓的日常生活，闯入文人画士的视野之中。一方面，药苗时常会被种植在庭院或者菜园之中，成为园艺的一部分；另一方面，药苗也逐渐和饮食文化联系起来，成为日常饮食的一部分。或出于饮食和药用所需，或出于田园生活与审美意趣，从南北朝起，人们已非常广泛地开辟园圃，种植药苗。庾肩吾（487—551 年）诗称："向岭分花径，回阶转药栏。"王维诗云："荷锄修药圃，散帙曝农书。"宋徽宗时修建的皇家园林艮岳里也有专门的"药圃"，《四时纂要》中有较多药材栽培的记述，《本草图经》中也有大量家庭庭院种植药材的记载，比如川芎"或莳于园庭，则芬馨满径"，续随子"人家园亭中多种以为饰"，天南星则"今冀州人菜园中种之"[1]。元代的《农桑辑要》中更是在农书体例中首创了"药草"部分，介绍了 20 多种药苗的栽培方法[2]。文人墨士也在诗词中留下了大量药苗的信息，其中以陆游的"药苗"诗为最，他从各地搜集药苗，植于药圃之中，"玉芝移石帆，金星取天姥。申椒蘼芜辈，一一粲可数"（《药圃》），"逢人乞药栽，郁郁遂满园。玉芝来天姥，黄精出云门"（《村舍杂书》）。平日他更是精心打理药苗，"平旦来浇药，临昏尚看鱼"（《故园》），"引泉浇药圃，砍竹树鸡栖"（《小筑》），"送芋谢牛医，览水晨浇药"（《杜门》）。

苏辙也多有种药苗的诗词，他的《种药苗二首》（《种罂粟》与《种决明》）广为流传，但苏辙种植药苗之目的是食用，如其序言所写，"予闲居颍川，家贫不能办肉。

[1] 苏颂.图经本草[M].辑复本.胡乃长，王致谱，辑注.福州：福建科学技术出版社，1988：288-289.

[2] 司农司.农桑辑要校注[M].石声汉，校注.北京：中华书局，2014：234-245.

[1] 熊四智,主编.中国饮食诗文大典[M].青岛:青岛出版社,1995:418.

[2] 俞为洁.中国食料史[M].上海:上海古籍出版社,2011:363.

[3] 苏颂.图经本草[M].辑复本.胡乃长,王致谱,辑注.福州:福建科学技术出版社,1988:72,115,194,171,290.

[4] 周振甫.唐诗宋词元曲全集:全唐诗:第6册[M].合肥:黄山书社,1999:2248.

[5] 俞剑华,注译.宣和画谱[M].南京:江苏美术出版社,2007.

每夏秋之交,菘芥未成,则盘中索然。或教予种罂粟、决明以补其匮”。[1] 宋元时期,以罂粟籽作为原料的食疗食品也非常盛行[2],苏辙的罂粟种植亦是当时风气的一种反映。

此外,宋人多重视养生,因此药苗食用也是此风尚之下的产物。本草中也记有药苗的食用,“黄精,初生苗时,人多采为菜茹,谓之笔菜,味极美”,“防风,其苗初春便生,嫩时红紫色,彼人以作菜茹,味甚佳”,“小蓟,当二月苗初生二三寸时,并根作茹,食之甚美”,“白鲜,其苗,山人以为菜茹”,萱草“今人多采其嫩苗及花跗作菹”[3]。可见药苗种植已然成为宋人日常生活的一部分。

药苗文化的盛行不仅体现在文人墨士的诗词之中,也出现在画者的笔下。唐代诗人王建就在其诗作《早春病中》里云“世间方法从谁问,卧处还看药草图”[4]。在宋代,《宣和画谱》是北宋宣和年间由官方主持编撰的宫廷所藏绘画作品的著录著作[5]。从其所收录的画作可以看出,自晚唐边鸾而起,至宋代徐熙家族,很多画者都擅长以药苗入画,其中徐熙更是以“凫雁鹭鸶、蒲藻虾鱼、丛艳折枝、园蔬药苗”等绘画主题而得名,并形成“野逸”一派。《宣和画谱》中关于药苗的画作就有20幅,录其如下:

黄荃:药苗双雀图一,药苗戴胜图一,药苗小兔图一。

滕昌祐:药苗鹅图一。

黄居寀:药苗图一,药苗引雏鸽图一。

徐熙:药苗戏蝶图一,雏鸽药苗图(图4-1)一,药苗图一。

徐崇嗣:药苗鹌鸽图一,蝉蝶药苗图一,药苗草虫图一,

图 4-1 徐熙《雏鸽药苗图》

◇注：图像源自袁烈编著
《中国历代花鸟画选》，河南
美术出版社 1986 年版第 9 页。
原画作收藏于日本大阪市立美
术馆。

171

药苗鹁鸽图一，药苗茄菜图四，药苗图一，野鹑药苗图一。

　　徐崇矩：紫燕药苗图二[1]。

　　《宣和画谱》中不仅记载了大量药苗画，而且在其
分类中附加有"药品"类别，共分为十门：道释、人物、
宫室、蕃族、龙鱼、鸟兽、花木、墨竹、蔬果（附药品
草虫）[2]。至南宋的画史著作《画继》时，"药草"甚至
作为单独的一类绘画列出，其分为仙佛鬼神、人物传写、
山水石林、花卉翎毛、畜兽虫鱼、屋木舟车、蔬果药草、
小景杂画等几类[3]，可见当时药苗绘画已经成为一种非常
普遍的风尚。

[1] 俞剑华所注译的《宣
和画谱》中，认为"药苗"
是"芍药苗"，然而据徐
熙现存的《雏鸽药苗图》
来看，所谓药苗，并非芍
药苗；而且徐熙以包括药
苗在内的一些画品而形成
野逸一派，芍药的特征并
不与此相符，可见此处药
苗应是药材苗。

[2] 俞剑华，注译.宣和画
谱[M].南京：江苏美术出
版社，2007.

[3] 郭若虚，邓椿.图画见
闻志·画继[M].杭州：浙
江人民美术出版社，2013.

[1] 郑金生，整理.南宋珍稀本草三种 [M].北京：人民卫生出版社，2007：60.

[2] 同 [1] 63-64.

[3] 朱和平，郭孟良，主编.中国书画史会要 [M].郑州：中州古籍出版社，2009：440.

[4] 王毓贤.绘事备考：卷6 [M].北京：商务印书馆，1983.

在药苗文化盛行的环境之下，宋代出现了一部由职业画家绘制的彩绘本草图谱，即王介编绘的《履巉岩本草》。该书成书于南宋嘉定十三年（1220年），现存明抄绘本，在清代之前一直未见著录，原为北京顺义张化民私藏之家宝，1950年为文禄堂书商王文进所得。本草学家赵燏黄对其评价甚高，认为"可谓丹青家之本草写生鼻祖矣"[1]。

王文进对其作者王介进行了考察，辑录史料如下[2]：

王介，号默菴，庆元间内官太尉，善作人物山水，似马远、夏圭，亦能梅兰。[3]

王介，号默菴。庆元间内侍。画山水人物，兼学马远、夏圭。取法高妙，院品不能及也。兼善写梅、兰，绰约有风致。历官殿司太尉。画之传世者：江山梵刹图一、雨兰图二、江山寓目图二、早梅图一、竹石小景图五、梅花图一、落梅图二。[4]

此外，在美国纽约大都会博物馆藏有宋代画家米友仁所绘的《云山图》，该图末有王介在庆元庚申（1200年）的题跋（图4-2），云：

米元晖画，大似二王书。字有典形，而无拘碍。偶道中逢村墅云山之胜。就笔染纸，归以献宸廑，旋复赐当代迩英。今归予几格。呜呼！人俱非矣，物仍存焉，敬当宝惜，以传无穷。庆元庚申初伏日，琅邪默菴圣与志。

以上史料均可见，王介为南宋的山水画家，同时也能绘制梅兰等植物。王介完成的这部彩绘本草图，与传统本草图相比，具有其独特之处。全书原本共6卷，后来王文进得此书后将其合为3卷，共收录药物206种，实存202种。每种药物均附一图，先图后文，图文各占

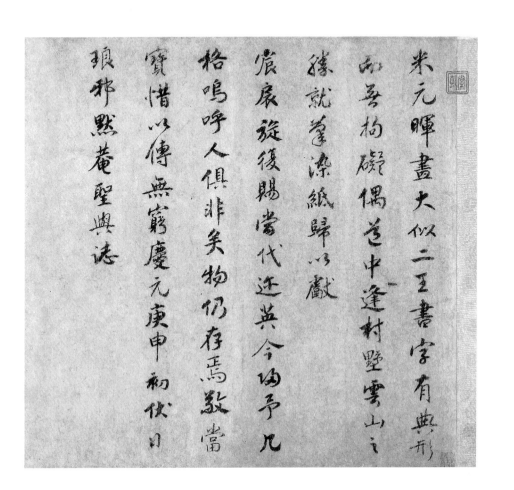

米元暉畫大似二王書字有典形
而吾拘礙偶至中逢村墅雲山之
緣就筆漆紙歸以戲
宸宸旋後賜當代还英今陶予凡
格鳴呼人俱非矣物仍存焉敢當
寶惜以傳無窮慶元庚申秋伏日
琅邪默菴聖與志

图 4-2　米友仁《云山图》之王介题跋部分

◇注：米友仁《云山图》高清照片由中国古书画还原艺术馆提供，特致谢意。

173

一页。文字部分简要地记录各种植物的性味、功能、单方、别名等，未有对植物形态进行任何描述。而在药图部分，王介则对药物形态进行了仔细绘制，可能从画者的角度出发，其认为通过图像足以传达出植物的形态信息。彩绘本草图不同于以往本草图之处在于，所有图像均仅截取植物部分枝条进行绘制，因此能够展现出植物的细节特征，这完全改变了以往本草图像中为了展示植物全貌而不顾及真实比例的状况。从山水画的角度看，他采取了马远、夏圭的方法，马远、夏圭因擅长边角取景而被称为"马一角""夏半边"[1]，而王介在绘制植物图时亦是擅长截取植物的一部分；从宋代花鸟画的技法来看，这是当时典型的折枝画风格，王介仅是截取全株植物的一部分，对其进行放大，细致描绘其局部特征。其整部本草图的绘画风格反映了南宋绘画的特点（图4-3）。

然而，为何一位传统的山水画家会去绘制一部本草图著述呢？通过《履巉岩本草》的序言和部分图文内容，我们可以发现，王介本草图的绘制与当时的本草图像传统、药苗文化以及个人经历均有所关联。

《履巉岩本草》部分序言摘录如下：

自本草之学兴，至人间生，名医相继，如陶隐居、陈藏器、孙真人、日华子辈，参说甚明。然甲名乙用，彼是此非，终弗一揆。切思产类万殊，风土异化，岂能足历而目周之？况真伪相难，卒难辨析，宜乎若是。至《大观证类》《绍兴校订》，始详备矣。老夫有山梯慈云之西，扪萝成径，疏土得岩。日砻月磨，辟亩几百数。其间草可药者极多。能辨其名与用者，仅二百件。因拟图经，编次成集。仍参以单方数百只，不敢

[1] 郑以墨.谁言一点红解寄无边春——浅谈马远、夏圭"边角山水"的形成[J].中国书画，2005（7）：139-141.

草木花实敷——明代植物图像寻芳

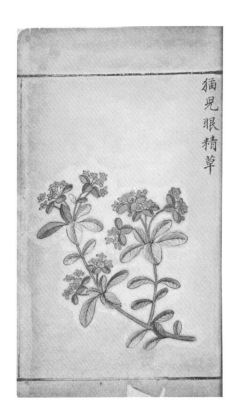

图 4-3 《履巉岩本草》图例

[1] 曾枣庄, 刘琳, 主编. 全宋文: 第294册 [M]. 上海: 上海辞书出版社, 2006: 189.

[2] 王继先. 绍兴校定证类备急本草画图. 东京: 早稻田大学图书馆.

[3] 郑金生, 整理. 南宋珍稀本草三种 [M]. 北京: 人民卫生出版社, 2007: 70.

施诸人。或恐园丁野妇, 皮肤小疾, 无昏暮叩门入市之劳, 随手可用, 此置图之本意也。[1]

从序言可以看出, 首先, 王介显然看到过流行于南宋的《大观本草》与《绍兴本草》, 相比于在北方流传的《政和本草》, 这两个体系均在图像绘制上颇费工夫, 均为每页一幅大图, 并且图像十分精美。王介在一定程度上受这种图像本草模式的启发, 进而从一个画家的视角出发, 扬其所长, 绘制本草植物图。尽管《履巉岩本草》中言王介是通过观察、依照实物进行绘制的, 但是可以看出其中部分图像明显承袭自《绍兴本草》[2], 比如棕榈、皂荚、淡竹、梧桐、牵牛子、蓖麻子、南天烛等十余种植物, 这些植物图像本身在《绍兴本草》中就绘制得比较准确, 故而王介对其进行了照录仿绘。

郑金生认为王介在《履巉岩本草》中记录的是杭州地区周边的植物[3]。然而, 按其序言所提及的"老夫有山梯慈云之西, 扪萝成径, 疏土得岩。日砻月磨, 辟亩几百数。其间草可药者极多", 可知王介在此书中收录的药用植物并非从野外采集的野生植物, 而是自己开垦药圃种植的, 并且, 序言有提"或恐园丁野妇, 皮肤小疾", 正文中亦多次记载园丁, 比如"园丁常以手捋其叶", 可见这些药圃植物平日有专人打理。因此, 王介的药苗种植正是宋代药苗文化下的一种自然趋势, 而其本草绘画亦是药苗文化影响下的产物。

此外, 在王介所收录的药物之中, 有很多药用植物均是首次被记录, 其中有20余种植物均标注为炉火用药。而所谓炉火用药, 即道士在炼丹过程中, 通常会添加的一些草药。可以见得，王介与道教有着很深的渊源。而道教向来有重视养生的传统，故而对药苗极为重视。因此，这也造就了一位山水画家对本草植物的关注。

因此，王介这部本草图像著作的出现，是在本草图像传统、药苗文化、个人经历及宋代重视写实工笔画的共同影响下形成的一种必然产物。尽管如郑金生指出，王介的《履巉岩本草》中，存在不少图与植物不符的情况，但是至少从图像的角度而论，其图像大部分均系自己亲自观察并手绘而成，艺术价值颇高。

◎

第二节

明代宫廷画家与彩绘本草植物图

王介绘制的《履巉岩本草》很大程度上由个人志趣所引导，他从一个画家的视角出发，选择药苗作为绘画对象，在画史与本草学史上均留下了浓墨重彩的一笔。然而，其本草图的影响范围极为有限，因为在彩印技术出现之前，彩色图像必须依赖于手工摹绘才能得以复制流传，这极大地限制了本草图像的传播。因此王介的《履巉岩本草》几乎一直被淹没在历史长河中，直到明代才出现钞本，该钞本直至民国初年才被重新发现。

如果说本草书籍编纂者的初衷在于使这些本草图像流传，以促进本草知识的传承与发展，那么他们就绝不会选择彩绘本草图，图像的载体形制对其传播力度的影响极大，只有便于印刻的版刻本草图才是最佳选择。即使是版刻图像，从成本上讲，图像绘画与版刻的精细程度亦对其传播力度有所限制[1]。但在明代，依然诞生了几部彩绘本草图。这些图像直到近代才逐渐被发现并予以关注，郑金生等人对其进行过较为深入的研究[2]。本节及下一节将在郑金生研究的基础之上，以宫廷彩绘本草图像和民间女性画家彩绘本草图像为核心，探讨明代画家的本草知识、明代画家对本草图的认识及彩绘本草图何以在明代引起关注。

[1] 比如，《大观本草》就不如《证类本草》流传广泛，其中一个重要原因就在于《大观本草》的图像过于精细，均为大幅图像，刊刻成本较高，从而限制了其流传。

[2] 郑金生.明代画家彩色本草插图研究[J].新史学，2003（4）：65-120.

## 一、《本草品汇精要》植物图的色彩分析

《本草品汇精要》是明代唯一一部官修本草著作，自弘治十六年（1503 年）八月开始编纂，至弘治十八年

[1] 明孝宗实录: 卷二百二 [M].

[2] 郑金生. 明代画家彩色本草插图研究 [J]. 新史学, 2003（4）: 65-120.

[3] 曹晖, 谢宗万.《本草品汇精要》版本及其源流考察 [J]. 中华医史杂志, 1989（3）: 129-134.

[4] 郑金生. 论中国古本草的图、文关系 [C]// 傅汉思, 莫克莉, 高宣, 主编. 中国科技典籍研究——第三届中国科技典籍国际会议论文集. 郑州: 大象出版社, 2006: 210-220.

[5] 同 [2].

（1505 年）三月完成，历时仅一年半。该书在编纂时，由于太医院与翰林院之间产生矛盾，因此未能实现"翰林院遣官二员，会同太医院删繁不缺"[1]，而是完全由太医院主持纂修。书成之后，孝宗皇帝去世，纂修者刘文泰等因医治事故而获罪，加之该书朱墨共写、五彩绘图，不易雕版，便一直深藏内府，未获刊行。直到康熙三十九年（1700 年），该书才于秘库之中重新被发现，武英殿监造赫世亨等人又仿弘治原本再行绘制一部，即为康熙重绘本，之后相继又有其他版本问世。

郑金生、曹晖等人对该书的版本流传以及图像特征进行了深入细致的研究，认为尽管该书图像工笔重彩，非常绮丽，但图文常有脱节，图像有诸多不符合实际者。[2][3][4]

郑金生对其中图像进行统计分析，指出如下四个事实：

（1）《本草品汇精要》中共绘制药图 1367 幅，包括新绘图像 668 幅，部分改绘或仿绘图像 699 幅。

（2）新绘图像主要集中在画家熟悉的日常物品上，如菜、鱼、介、禽兽、昆虫等。

（3）有半数图像是将《证类本草》中所引《本草图经》中的版刻墨线图重新仿绘或改绘敷色而成。对于画家不熟悉的药物，特别是"草部"中不常见的植物，很少有新的图像绘制，都是沿用以前的本草图像。

（4）另有一部分药物，历代本草中未有图像描述，并且在日常生活中也不能察见，画师均根据药名凭借想象绘制。[5]

如郑金生所考察，《本草品汇精要》中的部分图像是将《证类本草》中的版刻墨线图进行了敷色，那么在敷色过程中，就涉及将原本没有色彩的图像补以色彩信息；而另一部分图像则重新绘制彩图，亦涉及将自然界植物的色彩信息在图像中反映出来。因此，笔者在此尝试对《本草品汇精要》中的植物图像色彩进行分析研究。

色彩是不可或缺的绘画语言，在中国绘画中，早在五行之说的基础上，形成了青、赤、黄、白、黑的"五色说"[1]。而院体画更是崇尚写实，注重对现实生活的观察，院体画家通常会以客观写实的创作态度致力于生动逼真地描绘对象，反映事物的真实特征。他们的色彩观通常也是客观写实的反映[2]。在院体画创作中，有"情态形色，俱若自然"[3]之标准，而其中"色"便是色彩，可见在追求准确的外形之外，色彩的真实生动亦是院体画的重要方面。而对于彩绘本草植物图而言，色彩理应为植物辨识提供一个版刻墨线图像无法实现的辨识维度。

《本草品汇精要》中的图像色彩也是在青、赤、黄、白、黑这五种基本色调的基础上形成的，其中植物叶多以不同程度的绿色表示，根部多以不同程度的黄色、褐色表示，花则主要以白色、粉色、粉紫色组成，很少有赤红色出现。然而这些颜色在植物色彩信息的表达上亦常有疏漏。

就植物花而言，《本草品汇精要》中，花色主要用黄色、白色、粉紫色这三种颜色表示，但是经常会有一些花色出现与实际不符或者与相应的文本描述不符的情况。比如：

（1）漏芦条：《本草品汇精要》共绘制了四幅图像，均直接仿绘自《证类本草》，画者为四幅图像植物中的

[1] 王博 . 中国绘画色彩的主观性 [D]. 北京：中央美术学院，2011.

[2] 苗军 . 院体画对中国画色彩理论的影响 [J]. 艺术探索，2008（4）：86-88.

[3] 邓乔彬 . 宋画与画论 [M]. 合肥：安徽师范大学出版社，2013：38.

花均敷以黄色（图4-4）。《本草品汇精要》中对漏芦
（*Stemmacantha uniflora*）形态的描述引自《证类本草》，
如下：

> 漏芦……旧说茎叶似白蒿，有荚，花黄生荚端。……今
> 诸郡所图上，惟单州者差相类，沂州者花叶颇似牡丹，秦州
> 者花似单叶寒菊、紫色，五、七枝同一杆上。海州者花紫碧，
> 如单叶莲，花萼下及根旁有白茸裹之，根黑色如蔓菁而细……

这四种来源于不同地方的漏芦花色不仅与文字描述
中的各个地方所进呈植物图像的花色不相同（实际秦州、
海州的均为紫色），也不符合实际的漏芦花色，实际漏
芦为紫红色。

（2）在王不留行一图中，《本草品汇精要》文字正
文引用《本草图经》指出，"四月开花，黄紫色"。但
是其所绘图像共有三幅，两幅为白色花，一幅为黄色（图
4-5）。而实际中，王不留行的花色却是淡红色。

再如，天名精、丹参、地不容、鬼督邮、秦艽、贝母、
紫参、大青、地榆、款冬花、红蓝花等花色也均与实物有别。
而在描绘芍药时，尽管将白芍药与红芍药分开，但是在
图像表现上，两者花色上并无二致。

对于植物根部，画者用了两种主体颜色，即黄色、
褐色，但在文字描述中，有些植物记为"根部为白皮"，
而这种白色却并未在色彩上呈现出来；再如薇衔，其文
字记载"黄花，根赤黑"，但是图像中的根部却是黄色。
因此根的色彩信息亦有许多图文不符，或是图像与实际
不符的地方。

彩绘图像优于版刻墨线图之处在于，植物不同部位

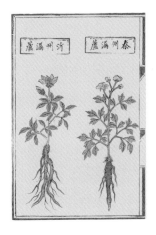

图 4-4 《本草品汇精要》漏芦图

◇注：图像源自德国柏林国家图书馆藏《本草品汇精要》，卷九。

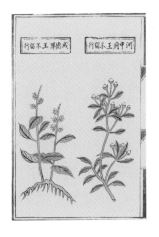

图 4-5 《本草品汇精要》中王不留行图

◇注：图像来源同图 4-4。

的色彩信息可以直观地在图像上传达出来，但《本草品汇精要》中的植物图，在敷色的过程中，大多数并没有顾及植物真实的颜色，以至于许多植物图像的颜色与实际不符；不仅如此，其中很多植物图像，所敷颜色也和该书文字描述中的植物颜色不相吻合。

因此，无论是从图文配合角度的考察，还是从图像色彩信息的考察，都可看出《本草品汇精要》在植物图像的准确性上较为不足。而这可能与《本草品汇精要》的编纂背景有极大关系。

自唐宋以来，历代均有官修本草的传统，继南宋的《绍兴本草》之后，至明中叶已有三百余年，实有重修本草之必要。故而明孝宗下旨纂修本草并御书编纂宗旨，"删证类之繁以就简，去诸家之讹以从正……一按图而形色尽知，载考经而功效立见" [1]。而修订本草一事，引发了翰林院、内阁一方与宦官、太医院一方主编权力的纷争，孝宗最后改任司礼监太监张瑜为首，太医院从院使到御医、医士，以及锦衣卫宫廷画师共四十九人参与了编修。

历代本草的纂修均由内阁负责，仅有明代由太医院与宦官负责。据诸多史料记载，负责纂修的刘文泰学术并不精良，且善于攀附权贵，故而在纂修过程中，处处谄媚于弘治帝。因此在书籍纂修、装帧上的豪华以及彩绘图像制作上的精美，既是对孝宗"一按图而形色尽知"的遵守，更大程度也是为了迎合孝宗的喜好，因为明孝宗本身就是一位擅长绘画且喜好医书的皇帝。

弘治时，宫廷绘画发展较为成熟，绘画风格传承了两宋时的院体画，但明代并没有宋代的宫廷画院，故而

[1]御制本草品汇精要序 [M]//刘文泰.明抄彩绘本.柏林:德国柏林国家图书馆.

画师多奉于内府各殿，如武英殿等，授以文职，如"待诏""副使"等；另有画师则安排在锦衣卫，授以武职；还有部分无头衔者为"画士"。[1]而参与《本草品汇精要》植物图绘的均是锦衣卫画家。

这与宋代的画院体系完全不同。据《宋史·选举志》记载，宋代，画院有着系统的课程计划和教学方法，还有一套完备的考试制度、升迁制度与待遇体系。画院对画家的学识非常重视，画家在习画之余，要接受其他文化知识、自然知识的教育，"以《说文》《尔雅》《方言》《释名》教授"[2]。至明代时，这样的画学教育体系早已不复存在，因此画家绘画技法之外的知识水平参差不齐。故而在《本草品汇精要》的绘画中，画者仅关注如何让图像更为精美，却并未顾及图像的用途，也未考虑所绘对象的真实形态。对于很多没有亲见的植物，画家在知识储备不足的情况下，便会文图不应，错误百出。此外，参与编纂者有四十九人，相互间配合不足，并且仅用一年半时间就仓促完成此书，又缺乏统一校对者。这些亦是造成其图文不应的原因。

[1] 赵晶. 明代宫廷画家官职考辨 [J]. 故宫博物院院刊，2015（3）：51-73.

[2] 令狐彪. 宋代画院研究 [M]. 北京：人民美术出版社，2011：62.

185

## 二、《食物本草》的"望文成图"与品种图

据郑金生等人考证，《食物本草》彩绘本与《本草品汇精要》渊源颇深，两书开本相同、版式相同、颜料相同、画风相同、文体相同、标题相同、缩行相同、版本相同、药图错误相同，并且与《永乐大典》形制相同，

[1] 郑金生.影印《食物本草》彩绘本序[M]//佚名,撰绘.食物本草官廷写本.北京:华夏出版社,2000.

[2] 张志斌.明《食物本草》作者及成书考[J].中医杂志,2012(18):1588-1591.

[3] 郑金生.明代画家彩色本草插图研究[J].新史学,2003(4):98.

因此断定为明代宫廷写本,亦为太医院奉旨整理编纂,由明代画院画师工笔彩绘而成[1]。明代题为《食物本草》的著作较多,尽管这些版本内容相差无几,但著者各异。前代学者考证指出,《食物本草》应为明初卢和原撰,汪颖退隐后,取卢和书稿改为2卷、8类,又增补若干内容。明隆庆年间,仅署卢和之名的4卷本,内容与2卷本相同,并非卢和原稿,也是汪颖编类增补。题为薛己的《本草约言·食物本草》,尽管内容与卢和、汪颖之书同,但其中篡改的文献出处皆属虚妄,故而为托名之作[2]。这种书籍间冒名传抄的行为其实在明代较为盛行,亦可见当时学风之窳败。

《食物本草》共4卷,有彩绘图像共492幅,其中植物图像为220幅,其余为动物图像及药物辅助图,在这些图像中仿绘自《本草品汇精要》的图像有213幅。由于《本草品汇精要》对日常生活中常见植物的描述较为准确,而《食物本草》所收录者又恰是日常食用植物,故而引自《本草品汇精要》的这部分图像均较为准确。

然而,纵观《食物本草》所有植物绘画,可以发现,在新绘图像中,尽管其所收录者为日常生活中常见的植物,但是由于画者对植物知识及基本常识的匮乏,在形态描述中错误频现,甚至可以说正确的极少,其中出现严重错误者达50多处[3]。画师在绘制植物中的错误,大致可以分为两类,一是植物辨认不清,二是望文生义的想象。

首先,中国古代的植物知识体系中,同名异物或者一物多名的现象比较严重,而画者由于本身植物知识较为有限，因此出现不少错误。比如，凫茨，正文文字中已经说明"即今荸脐（即荸荠）"，但是其所绘图像却与水茨菇没有明显差异，而芋的叶形檐部原本呈椭圆形，比较类似于荷叶，但是此处也画成了类似水茨菇的箭形（图4-6）。另外，地蚕、稍瓜、金鸡瓜 [1]、土瓜等图，在《本草品汇精要》中原本是有的，但是《食物本草》并未对其仿绘，很可能是由于两书所采用的植物名不同，在《食物本草》中这几种植物分别名为甘露子、越瓜、枳椇、王瓜，导致绘画者无法辨识这些一物多名的植物。甚至罂粟一图，《本草品汇精要》中名为"罂子粟"，而至《食物本草》中，就无法辨认（图4-7）。

其次，画者由于深居宫廷之中，所能见到的植物种类极其有限，对于很多生长于山野的植物可能闻所未闻，因此他们在绘画时大多是望文生义，据名而想象其形。郑金生在其文中已经提及一些。比如，因落花生之文字描述提及"大如桃"，就画成了"桃"的形状；因猕猴桃名称中带有"桃"字，也画成了"桃"的形状 [2]；再如，辣米，本是薄菜 [3]，因其名带有"米"字，却被画师误以为是一种谷物，画成了禾本科植物的形象；而对于黑大豆、绿豆、白豆、赤小豆这几种豆类作物的区分，则是分别用黑、绿、白、红紫这几种颜色来表示豆荚的颜色；茭白与茭米本为同一种植物菰的不同部位（茎部的膨大部分和果实），但画者根据"米"字将茭米一图绘制成禾本科植物，而对于茭白，可能是根据植物名中的"白"字，将其想象成了白菜，因而将其绘成了类似十字花科的蔬菜。

[1] 此处为"金鸡瓜"，本应是产于江南地区的"金鸡爪"，即枳椇。可能由于形近，误将"爪"作为"瓜"，画者也画成了瓜的形状，并和其他瓜类排列在一起。

[2] 以上例子，郑金生在其文中已经提及。

[3] 《本草纲目》菜部第二十六卷"薄菜"条目记载："野人连根、叶拔而食之，味极辛辣，呼为辣米菜"。参考：李时珍.新校注本本草纲目（中）[M].刘衡如，刘山水，校注.北京：华夏出版社，2011：1102.

图 4-6 《食物本草》中的芋（左）、荸荠（中）和水茨菰（右）

◇注：图像源自《食物本草》（宫廷写本），华夏出版社 2000 年版第 269 页，影印自中国国家图书馆藏本。

图 4-7 《本草品汇精要》（左）与《食物本草》（右）中的罂粟

◇注：图像分别源自德国柏林国家图书馆藏本卷三十七；《食物本草》
（宫廷写本），华夏出版社 2000 年版第 80 页，影印自中国国家图书馆藏本。

还有一部分植物，由于画者似乎并未见过这些植物，完全不了解其形态，更是随心所欲地绘制，出现了很多望文生义的错误。比如，画者似乎并不了解枸杞，在枸杞条目中画成枸杞苗，而在枸杞酒中，则画成了高大的木本植物，而实际上枸杞是藤本植物；唇形科的薄荷，花被绘制得像百合；莼菜本类似于荇菜一样呈圆形漂浮在水面上，但是却被绘制成了像兰草一样的单子叶植物。而对于银杏，所绘图像根本无法突显出其独特的扇形叶片。实际上，早在南朝时期绘制的竹林七贤砖画（现藏于南京博物院），对银杏的刻绘已经非常准确、形象了。

因此，在《食物本草》中，尽管图像颇为精美，但却少有绘制准确者，甚至其中很多图像十分荒诞。这种图文完全脱节的现象，在学风窳败的明代，不仅一例，蒋星煜在研究戏曲《西厢记》插图时，就曾指出，一些版本的《西厢记》插图既不是针对剧中情节的具体描绘，也不是对唱词的分析与鉴赏，而是随心所欲地、望文生义地绘制出来的[1]。

在本草著作中，本来需要依靠图像对植物进行鉴别，但画者却并未意识到图像对于本草著作的重要价值，才如此随心所欲地绘制图像。而望文生义绘制成图的现象，亦可反映一个问题，即植物本身、植物名称和植物图像三者之间涉及一个编码与解码的过程。

中国传统文化中，通常是依据以下元素对本草植物命名的：形态、颜色、气味、功能、传说故事、季节、地理环境、产地、隐名、炮制加工、外来译名等[2]。比如，罂粟在命名时可能是依据其果实形态，其蒴果就像装满

[1]蒋星煜.《西厢记》插图的类型研究[J].文汇报，2015（7）：26-27.

[2]丁兆平，编著.趣味中药[M].北京：人民卫生出版社，2003：1-3.

粟的"罂"。对植物的命名过程就相当于为植物名编码。当这种编码成功进入日常生活后，就成为一种约定俗成的符号，然而对于不熟悉罂粟者而言，这亦是很难想象的。依据植物名称进行绘画的过程则相当于解码。在没有见到过实物本身的情况下，仅依靠该编码本身，而不清楚其编码方式，就容易出现偏颇，导致望文生义的情况。比如，"罂粟"的命名方式本身是一个比喻，但画者在解码过程中出现偏离，故而在绘画时也就出现错误。

《食物本草》的另一特色之处在于很多植物都绘制了多个品种图像，因此一种植物通常对应多个图像。比较典型的例子：在"果部"，绘制了11幅梨的图像，更是绘制了21幅李的图像。其所绘李图，分别对应于具体品种绿李、黄李、紫李、生李、水李、麦李、赤李、剥李、房龄李、朱仲李、马肝李、牛心李、朝天李、胭脂李、蜜李、蜡李、青葱李、炭李、道州李、翠李、十月李。而这些具体的品种分类，有些是按照果皮颜色或形态区分，有些是按照所产地域区分，若没有丰富的经验，则很难从外观形态上予以区分，更遑论要在图像上表现出真实的差异。因此在诸多的品种图像上，所绘形态并无显著差异，更多的仅是体现出果实颜色上的不同。

事实上，这种对于品种图的描绘，早在宋画中就已存在。《宣和画谱》[1]收录了北宋画者吴元瑜的10幅荔枝图，分别为10种不同的荔枝品种，包括方红、粉红、朱柿、牛心、蚶壳、真珠、丁香、钗头红、虎皮、玳瑁，而这10个品种均为蔡襄在《荔枝谱》中所列出的荔枝品种，其中的方红即是《荔枝谱》中所记载的方家红。这些画作，

[1] 俞剑华，注译.宣和画谱[M].南京：江苏美术出版社，2007.

191

我们现在无法见到，很难想象吴元瑜是如何将品种差异在画作中体现出来的，但是据蔡襄的描述，其差异非常细微，很难在图像上反映。

## 三、《补遗雷公炮制便览》

据郑金生考证，《补遗雷公炮制便览》从形制上讲，与《本草品汇精要》《食物本草》是一脉相承的。因此极有可能亦是宫廷绘画，但其成书于 1591 年，比前两者稍晚。该书文字来源于俞汝溪编著的《雷公炮制便览》补遗版本，但比俞汝溪的版本多出一味药物，即"天子籍田三推犁下土"，并且此药的形制与其他条目不同。这也再次证明该书应是宫廷之作，即此药是为了迎合皇帝的喜好而增加的。该书直到 2003 年才重新被发现[1]。

《补遗雷公炮制便览》最大的特色在于药物炮制图，郑金生称其为"药物辅助图"，并指出其中的植物图几乎全部出自《本草品汇精要》。值得注意的是，在《本草品汇精要》中，通常是直接翻刻《证类本草》中的图像，延续其一物多图的特点，甚至将原图上所注明的药物产地也照搬下来；但是在《补遗雷公炮制便览》中，就植物图而言，均为一物一图，并将前面的地名去掉。这就涉及第一章所提及的本草图像的继承方式。但该书对图像的选择并没有严格的标准，如人参等图，在《本草品汇精要》中仅有潞州人参为正品人参，《补遗雷公炮制便览》便是依照潞州人参仿绘，黄精亦从中选择了准确

[1] 佚名. 补遗雷公炮制便览（解题）[M]. 中国中医科学院藏明万历十五年精写彩绘本影印本. 上海：世纪出版集团, 2005.

的黄精图像进行仿绘；但也在选择很多图像时出现了错误，比如苍术、紫参、细辛、鬼臼等。因此，其图像的判断与选择并非完全基于植物外观形态认知的准确性。

此外，在《补遗雷公炮制便览》中，亦可看出画者对很多植物完全没有基本的形态概念。尽管人参一图选择了正品人参，但是在人参炮制图中，画者所绘制为一人站在凳子上在摘取人参叶，人参植株的高度几乎是人身高的两倍（图4-8）。可以看出全株图所带来的局限性，无法反映出植物的真实比例。而在地菘一图中，地菘更是绘制成了一棵小松树大小。

## 四、宫廷彩绘本草体系

《本草品汇精要》《食物本草》和《补遗雷公炮制便览》这三部本草著作，从形制上看，均属宫廷内府之作。曹晖等曾考证认为，在明弘治年间宫廷组织过大规模的本草纂修工程[1]，即效仿宋代，组织大批人马来编纂与修订一系列的本草。

历代皆有编修本草的传统，而明代宫廷编修的三部本草著作，正好分别对应于传统药用本草、食物本草以及药材炮制三个不同领域，并且选取当时流传极为广泛的本草著作作为蓝本进行修订。《本草品汇精要》所选取的蓝本是当时影响力极大的《重修政和经史证类备用本草》，从书中麦冬、菊花等诸多植物的图像来看，其所选用的参考版本是元代张存惠的晦明轩本，而非在民

[1] 曹晖. 明代"本草工程"猜想（摘要）[J]. 现代中药研究与实践，2005（S1）：40-42.

图 4-8 《补遗雷公炮制便览》人参图

◇注：图像源自《补遗雷公炮制便览》，世纪出版集团 2005 年版，中国中医科学院藏明万历十五年精写彩绘本影印。

间流传更广的成化四年本，可见当时《政和本草》的较早版本在宫廷中保存了下来。在明代灾荒较多的时代，救荒食物类本草极多，《食物本草》所选取的版本也较为普遍；《补遗雷公炮制便览》之蓝本，亦是明代流传极为广泛的著作，且还有太医院编写的没有图像的版本[1]。这三部宫廷之作的编修，时间跨度较大。

[1] 即是《太医院补遗雷公炮制便览》，在明代流传较广，版本较多。

明代官修彩绘本草的特殊之处在于，主持编修的主体为太医院，主持本草修纂工作的官员更希望编制出一套能够迎合皇帝喜好的本草巨著，进而产生一定的政绩工程，而并非出于实用目的而修订真正符合实际需求的本草。只有如此，才能理解其在本草编纂过程中的浮华铺陈。此外，从本草插图的绘制而言，明代并没有像宋代那样完善的画院制度，参与绘画者皆为锦衣卫画师，其所具备的植物知识是极其有限的。而且，参与编纂巨著的不同人群之间很少注意到要从本草学理、植物知识的角度出发，互相之间更是缺乏配合，再加之明代学风的浮躁，因此出现了很多错误。这样的本草图像只是作为一种彩绘图像装饰而成为官修本草的一部分，尽管图像颇为精美，但是在植物学或本草学鉴定中的价值实在有限，加之彩绘图像传播的困难，因此在当时并没有产生太大影响。

第三节

江南闺阁画家与彩绘本草图

《本草品汇精要》一直深藏于内府之中，罕为世人所知，据曹晖考证，其有正、副两本，副本后来流出宫廷，散落在民间，少有记载[1]。清代查慎行的《得树楼杂钞》中曾描述了一部流传到民间的《本草品汇精要》：

　　《本草品汇精要》，四十二卷，明弘治十六年（1503 年）太医院判刘文泰、王棨、高廷和等奉旨编辑，首玉石，次草木，次人，次兽，次禽，次虫鱼，次果，次米谷，次菜，每部悉遵神农本草，分为三品，列二十四则，一曰名、二曰苗、三曰地、四曰时、五曰收、六曰用、七曰质、八曰色、九曰味、十曰性、十一曰气、十二曰臭、十三曰主、十四曰行、十五曰助、十六曰反、十七曰制、十八曰治、十九曰合、二十曰禁、二十一曰代、二十二曰忌、二十三曰解、二十四曰广，每条大字朱书于上，墨字小注于下，采附诸家，以《图经》为主，余如陶隐居、日华子、唐本、蜀本、陈藏器、唐慎微等说，择其当者则录之，书成于弘治十八年（1505 年）三月，写本进呈，绘图皆极精妙，内府所藏，人间无第二本。庚子春，客南昌，于吉水李氏藏书购得之，凡三十六册，惜被水，每页有淹渍之痕，泥金标首字样，率多剥落，若得好手重加补缀，可以傲传，是楼潜采堂所无矣，后归高公，其倬未知，能善藏否？[2]

　　该书流传至民间后，由于其精美的画工笔法，逐渐成为民间画家习画的蓝本，诸多画者不断对其进行临摹仿绘，其中比较闻名者，有文俶的《金石昆虫草木状》和周淑祜、周淑禧两姐妹的《本草图谱》[3]。本节将围绕这几位江南闺阁画家笔下的彩绘本草图展开。

[1]曹晖，刘玉萍.《本草品汇精要》版本考察补遗[J].中华医史杂志，2006（4）：211-214.

[2]查慎行.查慎行集：第2 册[M].张玉亮，辜艳红，点校.杭州：浙江古籍出版社，2014：60.

[3]郑金生已梳理这几部彩图本草著作之间的流传关系，指出《金石昆虫草木状》《本草图谱》等与《本草品汇精要》之传承关系。

# 一、文俶与《金石昆虫草木状》

文俶为明代画家、文学家文徵明的玄孙女，受其家族的熏陶，擅长绘画幽花异草、小虫怪蝶。当前艺术史学界对其研究颇多[1]，尤其在明代女性画家的讨论之中，文俶是占据重要地位的一位。她在画史上留下的作品繁多，传世者大约有70多幅[2]。《金石昆虫草木状》尤为突出。

《金石昆虫草木状》前有文俶的丈夫赵灵均于万历庚申年（1620年）题写的《金石昆虫草木状叙》，其中写道：

> 夫金石昆虫鸟兽草木，虽在在有之，然可储为天府之珍，留为人间之秘，又能积为起居服食之所需、性灵命脉之所关系者，则惟深山大泽实生之、实育之，第吾人举足不出跬步，即游历名山，而虫鱼草木得其偏而遗其全者，亦多有之矣。尝阅胜国郑氏通志，谓成伯屿有《毛诗草木虫鱼图》、原平仲有《灵秀本草图》、顾野王有《符瑞图》、孙之柔有《瑞应图》、侯亶有《祥瑞图》、窦师纶有《内库瑞锦对雉斗羊翔凤游麟图》，又于符瑞有灵芝、玉芝、瑞草诸图，今皆逸而不传矣；若嵇含《南方草木状》，则有其书而无其图者，碎锦片璧，将何取邪？

可见，在赵灵均看来，当时绘制《金石昆虫草木状》的目的在于前人所著的动植物书籍均存在一定的缺憾，有的仅有文字而无图，有的虽然有图，但所绘图像不是散佚失传，就是图绘不精。历时三年完成的《金石昆虫草木状》，就是文俶鉴于过去本草书籍的以上缺憾，发

[1] 在曹清所著的《香闺缀珍——明清才媛书画研究》，李湜所著的《明清闺阁绘画研究》以及赫俊红所著的《丹青奇葩》中均对其着墨较多。

[2] 赫俊红.丹青奇葩晚明清初的女性绘画[M].北京：文物出版社，2008：122-188.

挥自身所长而纂成。

文俶丈夫赵灵均乃赵宋王室之后。宋王室南渡，留下一脉在吴郡太仓，赵灵均的父亲赵宧光一生不仕，但他"泛览经书，贯串百家，策名上庠"，名冠吴中，誉载朝野。他偕妻陆卿隐居寒山，自辟岩壑，凿山浚泉，种树植草，将寒山筑成了名胜之地。赵灵均与文俶也居于此。一方面赵氏家族藏有内府本草图，作为王室之后还收藏有其他诸多古图可供文俶鉴赏研习；另一方面文俶受文氏家族影响精于图绘，其夫家亦是诗画传家，故而促成了《金石昆虫草木状》（图4-9）的绘制。

据赵灵均的记载，这部图册是以《内府本草图汇秘籍》为底本，对其中图像进行临摹而成，明代唯一的"内府本草图"便是《本草品汇精要》，因此文俶所参考的便是《本草品汇精要》。赵灵均指出，这种模仿并非完全照搬，而是有所取舍，他写道：

此金石昆虫草木状，乃即今内府本草图汇秘籍为之；中间如雪华、菊水、井泉、垣衣、铜弩牙、东壁土、败天公、故麻鞋，以及陶冶、盐铁诸图，即与此书不伦，然取其精工，一用成案，在所未删也；若五色芝、古铢钱、秦权等类，则皆肖其设色，易以古图；珊瑚、瑞草诸种，易以家藏。所有并取其所长，弃其所短耳。与今世盛传唐慎微氏《证类图经》判若天渊，等犹玉石。

然而从其所绘图像来看，其中大部分图像都摹绘自《本草品汇精要》，文俶对其改动极少。部分图像仅是因图像尺寸的差异，将画面稍向左右两边扩充。由于文俶在绘画史上的知名度，其所绘《金石昆虫草木状》的

图 4-9 《金石昆虫草木状》示例图

◇注：图像源自文俶《金石昆虫
草木状》，台北世界书局 2013 年版第
165、285 页。其中图像影印自台北故宫
博物院藏本。

更大价值在于，它将《本草品汇精要》中原本属于本草知识范畴的图像引入到纯粹的绘画艺术领域，实现了本草图像知识向绘画艺术的跨领域传播。文俶在这种知识跨领域传播中，所做的是剔除所有文字知识的描述，仅保留了图像。

从绘画角度而言，要成为一名专业画者，需要经过大量的绘画临摹，才能逐渐掌握其诀窍。明清画家在习画过程中，均有一个"粉本"可供临摹，临摹在明代习画的过程中是非常重要的一个环节[1]。陈琦也指出："古代优秀的绘画作品大多深藏于官宦富豪之家。书画流通和交易的范围有限，一般学画之人也很难觅到佳作模仿学习。"[2] 而出身名门的文俶，其家族所藏的《本草品汇精要》正为她提供了一个绝佳的摹绘范本。

李湜曾指出，明清闺阁画家中多数女性画家都只满足于对"样本"的临摹，然而文俶是个例外，对于文俶而言，《金石昆虫草木状》仅相当于习画的"粉本"，她通过对其四年的模仿，实现了从"入"到"脱"的飞跃[3]。

《赵灵均墓志铭》和《灵均先生传》中都用了很大篇幅来记载文俶的才华[4]：

端容性明惠，所见幽花异卉，小虫怪蝶，信笔渲染，皆能模写性情，鲜妍生动，图得千种，名曰《寒山草木昆虫状》。摹《内府本草》千种，千日而就。又以其暇画《湘君捣素》《惜花美人图》，远近购者填塞。贵姬季女，争来师事，相传笔法。

赵灵均在《本草品汇精要叙》中又言及：

余家寒山，芳春盛夏，素秋严冬，绮谷幽岩，怪邑奇葩，亦未云乏，复为山中《草木虫鱼状》以续之。

[1] 苏立文. 中国艺术史 [M]. 上海: 上海人民出版社, 2014: 243.

[2] 陈琦. 刀刻圣手与绘画巨匠——20世纪前中西版画形态比较研究 [D]. 南京: 南京艺术学院, 2006: 126.

[3] 李湜. 明清闺阁绘画研究 [M]. 北京: 紫禁城出版社, 2008: 36, 52.

[4] 钱谦益. 钱牧斋全集: 卷二 [M]. 上海: 上海古籍出版社, 2003: 927, 1382, 1383.

文俶在摹绘《本草品汇精要》的基础上，逐渐掌握了绘画基本功，开始进行一些创作。其婚后生活的寒山地处江南水乡，气候温润，草木繁盛，绚丽的自然界不断激发着文俶的创造力和想象力。文俶对其周围的动植物进行写生，掌握植物生长的规律及动植物的基本形态，又创作出《寒山草木昆虫状》。如果她根据自己身边动植物所创作的《寒山草木昆虫状》存世，其价值必定远甚于摹绘而成的《金石昆虫草木状》。

通过文俶的众多画作，可以看出文俶实际是在摹绘过程中形成了特定的植物绘画方式。她在不少画作中将不同植物的特定模式进行组合。比如以"萱花"为例，以下三幅图（图4-10）均取自文俶在不同画卷中所绘的萱花，可以发现，其构图是完全相同的，仅是增添了不同的背景。而在所绘罂粟图（图4-11）中，《金石昆虫草木状》中的罂粟图临摹自《本草品汇精要》，而其他几幅图的构图则与之略有不同，更偏重于写实，这也正是其绘画从"入"到"脱"的升华的表现。

《花卉卷》中的萱花　　　　　故宫藏《花卉图》中的萱花　　　　　《写生花蝶图》中的萱花

图4-10 文俶绘画中的萱花

◇注：左图图像源自保利艺术博物馆编，《宋元明清中国古代书画选集（五）》，第108页。

图 4-11 文俶绘画中的罂粟。从左至右依次取自《金石昆虫草木状》《罂粟萱花图》《罂粟湖石图》《花卉图》

## 二、祜、禧姐妹与《本草图谱》

文俶的绘画在明代大受欢迎，如上所述，"远近购者填塞。贵姬季女，争来师事，相传笔法"。而其中跟随文俶学画的就有周淑祜、周淑禧两姐妹。

周淑禧（1624 年生），又作周禧，号江上女子，江苏江阴人。其姐周淑祜，主要生活于明天启至清顺治时期。其父周荣起（1600—1686 年），字研农，又作砚农，擅工诗文。周氏姐妹主要是在父亲的支持下习画。

两人得以闻名的事迹便是临摹文俶的《金石昆虫草木状》，她们在临摹上潜心涤滤，一丝不苟，后世对其评价颇高。王士禛在《池北偶谈》中提及：

寒山赵凡夫子妇文俶，字端容，妙于丹青，自画《本草》一部，楚辞《九歌》《天问》等皆有图，曲臻其妙。江上女子周禧得其《本草》，临仿亦入妙品。[1]

[1]王士禛.池北偶谈：卷十五 谈艺五[M].文益人,点校.济南：齐鲁书社,2007：286.

[1] 姜绍书.无声诗史韵石斋笔谈:卷五 周氏二女[M].印晓峰,编.上海:华东师范大学出版社,2009:109.

[2] 于安澜,编.玉台画史[M].上海:上海人民美术出版社,1963:32.

[3] 曹晖,谢宗万,章国镇.明抄彩绘《本草图谱》考察[J].中药通报,1988(5):6-7.

[4] 李德甫.明代人口与经济发展[M].北京:中国社会科学出版社,2008:67.

[5] 文俶.金石昆虫草木状[M].台北:世界书局,2013.

《无声画史》对此有所记载:

盖二女尝师赵文俶,其彩毫娟秀。如天女散花,若祜、若禧,无忝出蓝之誉矣。[1]

朱彝尊亦提及:

至元斥卖广济库故书,有彩画本草一部,近赵凡夫子妇文俶端容设色画本草,曲臻其妙。江阴周荣公二女淑祜、淑禧临之,亦成绝品……今文俶真迹尚有存者,周氏姊妹花草,见者罕矣。[2]

周氏姐妹所绘制的《本草图谱》(图4-12),现存五卷,三卷藏于中国国家图书馆,另有两卷藏于中国中医科学院图书馆。而这部书的图像由两姐妹绘制而成,据曹晖等人考证,确系仿自《金石昆虫草木状》,其中文字则由其父周荣起摘自一些本草书籍[3]。

《本草图谱》所有的图像均是从《金石昆虫草木状》临摹而成。祜、禧二人拜文俶为师,学习绘画,临摹本草图时,尚处幼年之时。因为周荣起生于1600年,按照明律规定的男性16岁结婚的年龄[4],其次女周淑禧的出生时间最早也在1618年前后,而1631年,文俶的画作便已经转手给张方耳[5],此时祜、禧应该仅有10岁左右,正处于学习阶段。如果说文俶的《金石昆虫草木状》是将原本属于本草领域的图像引入到艺术领域,那么祜、禧二人的临摹就是将艺术领域中的本草图进一步发扬光大。两人在之后的艺术作品创作中,亦有本草图像的痕迹。比如现藏南京博物院的《山峰春葩图》(原题《草虫图轴》)(图4-13),其所绘非常类似蒲公英,此画作显然是本草图的风格(图4-14)。

泽漆大戟苗也此一名猫兒眼睛草一名綠葉綠花州
一名五鳳草江湖原澤平陸多有之春生苗葉一
科分枝成叢莖柔菉如馬齒覓綠葉如旋覆葉黃
色生時摘葉有白汁出亦能嚙人故名澤漆味苦微寒
無毒主皮膚大腹水氣四肢面目浮腫丈夫陰氣不
足利大小腸明目輕身

图 4-12 《本草图谱》泽漆图文

◇注：图像源自《本草图谱》，国家图书馆出版社 2011 年版第 75、76 页。其中图像影印自中国国家图书馆藏本、中国中医科学院藏本。

图 4-13 周淑祜《山峰春葩图》

◇注：图像源自曹清《香闺缀珍明清才媛书画研究》，南京江苏美术出版社 2013 版第 52 页。其中图像影印自南京博物院藏本《金石昆虫草木状》。

图 4-14 《本草品汇精要》蒲公草与《金石昆虫草木状》蒲公英

台北故宫博物院藏有祜、禧二人合绘的《花果图》四条屏（图4-15），其所绘植物分别为乳柑子、枇杷、猕猴桃和柿子。而从版式、尺寸、书法字体、布局构图、图像风格、钤印、文字来源等分析，可判断其与《本草图谱》有着相同的来源，即仿绘于《金石昆虫草木状》[1]。

尽管《花果图》屏与《本草图谱》有着相同的来源，但是周氏姊妹所绘的《本草图谱》一直被认为是本草领

[1] 张钫.故宫藏祜、禧合绘《花果图》屏考[J].文物鉴定与鉴赏，2016（4）：62-65.

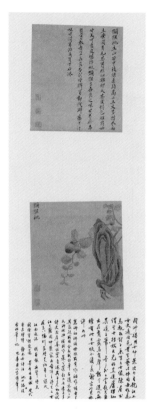

图 4-15 台北故宫博物院藏《花果图》四条屏

域的著作，在本草学领域受到关注；而藏于台北故宫博
物院的《花果图》屏却长久以来被视为绘画艺术作品。
从这种源头上的同源和流传中逐渐形成的分化亦可看出
植物绘画与本草图像之间本来并无严格的界限，但是在
后期的人为划分下渐行渐远。

◎

第四节

图像与知识——画者的视角

## 一、从宋代到明代：从写实到模仿、想象

宋代写实性极强的花鸟画逐渐兴盛，此时的画家多注重对动植物的真实摹写。邓椿在《画继》中所记载的"孔雀升墩""正午之猫"和"日中月季"已经成为众所周知的画史公案。宋代画家在写实主义绘画中非常注重自然知识的积累，比如，《图画见闻志》中提及画动植物时，就有这样的描述：

画林木者，有樛枝挺干，屈节皴皮，纽裂多端，分敷万状。……画畜兽者，全要停分向背，筋力精神，肉分肥圈，毛骨隐起，仍分诸物所禀动止之性（四足唯兔掌底有毛，谓之建毛）……画花果草木，自有四时景候，阴阳向背，笋条老嫩，苞萼后先，逮诸园蔬野草，咸有出土体性。画翎毛者，必须知识诸禽形体名件。自嘴喙口脸眼缘，丛林脑毛、披蓑毛，翅有梢翅、有蛤翅，翅邦上有大节小节、大小窝翎、次及六梢，又有料风、掠草（□缝翅羽之间）、散尾、压磹尾、肚毛、腿袴、尾锥，脚有探爪（三节）、食爪（二节）、撩爪（四节）、托爪（一节）、宣黄八甲，鸷鸟眼上谓之看棚（一名看檐），背毛之间谓之合溜。山鹊鸡类，各有岁时苍嫩、皮毛眼爪之异。家鹅鸭即有子肚，野飞水禽自然轻梢，如此之类，或鸣集而羽翩紧戢，或寒栖而毛叶松泡。[1]

从思想层面来看，宋代主流的程朱（指程颢、程颐兄弟与朱熹的合称）理学讲求格物致知，较为重视知识本体，"格物"之目的就在于增长知识，提升认知。朱熹甚至指出"上而无极、太极，下而至于一草一木一昆虫之微"，都要一一理会，只有深入观察自然之现象，

[1] 郭若虚.图画见闻志 [M].北京：中华书局，1985：20-24.

进而才能在穷尽万物之理的基础上推究事物所蕴含的知识。因此，宋代的思想体系使时人较为重视客观事物本身。而南宋晚期至明代，盛行的陆王（指陆九渊、王守仁）心学，则认为道德修养只需向内尽心涵养，不必向外探求。在陆九渊看来，所谓"理"就在每个人心中，根本用不着探求外物，甚至连读书都是多余的。他认为"心之体甚大，若能尽我之心，便与天同"[1]。王阳明则更是将心看成包容万物、主宰万物的最高本体。这种在思想认识论上的不同，导致宋明时期的学风具有很大差异，宋人整体都较为重视自然知识本身，在绘画上对动植物的形体有着细致的观察和深刻的认识，他们试图通过穷尽万物之理来认识动植物的知识；而明代心学的思想体系对绘画的影响，表现在画者更注重绘画作品所蕴含的思想、精神等层面的意境，而非绘画在动植物写实上的表现。

不仅如此，宋代有着非常完备的画院与画学体系，在画学教育中不但有系统的课程设计与教学方法，还有完备的考试制度和升迁体制，并且将自然知识的教育渗透到画学之中。《宋史·选举志》记录了画学的分科与课程：

> 画学之业，曰佛道，曰人物，曰山水，曰鸟兽，曰花竹，曰屋木。以《说文》《尔雅》《方言》《释名》教授。《说文》则令书篆字，著音训，余书皆设问答，以所解艺观其能通画意与否。

上述史实所提及的四部书中均涉及动植物名物的基础，可见宋代画院在培养学生时，在绘画能力之外，同样注重这种综合素养，并把这种素养看作画学的基本条件[2]。因此，宋代画者通常会有较好的动植物名物的知识

[1] 陆九渊.陆九渊集：卷三十五[M].钟哲,点校.北京：中华书局,1980:444.

[2] 邓乔彬.宋画与画论[M].芜湖：安徽师范大学出版社,2013：26.

基础。

宋人绘画往往对自然进行直接观察，甚至与动植物多有密切接触，如黄筌"自养鹰鹞观所宜"，刘常"家治园圃，手植花竹"，易元吉"几与猿狄鹿豕同游""开圃凿池，间以乱石丛篁，梅菊葭苇，多驯养水禽山兽，以伺其动静游息之态"，"（郭）乾晖常于郊居畜其禽鸟"等[1]。至明代中后期，画院体系出现了很大的变化。明正德以后，随着朝廷的日趋腐败，以及文人画的兴起，宫廷院体绘画逐渐走向衰落。尽管画院机构依旧存在，但很大程度都已流于形式。

明代宫廷画家的遴选，可通过征召、荐举的途径，朝廷向民间征召，或者地方官员推荐，进入宫廷后再进行考核，很少有固定的招考制度。在明代早期和中期，考核还比较规范，但后期比较混乱。宫廷画家中虽有世袭，但宫廷画家的升迁、待遇、奖惩无明确的标准，多凭皇帝的好恶以及主管官员的意向而定。奖惩方面更是无章可循，在弘治年间授以锦衣卫武职；在正德以后，更是滥授官职；甚至在嘉靖年间，太监刘瑾专权时，文华殿书办张骏，骤擢至礼部尚书，连装潢匠艺都授予官职[2]。

如此混乱的画院体制，导致画者的水平参差不齐。在《本草品汇精要》的绘制中，八位画者，除王世昌比较知名外，其他画者均在史籍中名不见经传。在这样的选拔及教育制度下，画者即便有出色的绘画技艺，也往往在自然知识方面还是比较匮乏的。同时明代文人画追求"意"胜于"形"的传统，也使得画家并不追求写实。他们能做的就是对前人绘画的模仿，而对于自己不熟悉

[1]这在宋代《宣和画谱》《图画见闻志》等画论史料中极多。参考：俞剑华，注译.宣和画谱[M].南京：江苏美术出版社，2007：335，341，380.

[2]单国强.明代画院之制[M]//单国强.古书画史论集续编.杭州：浙江大学出版社，2013：107-116.

的动植物，便只能凭借想象绘画。

从宋代至明代，宫廷绘画发生了很大的变化，亦使得本草图像受其影响。这种从写实到模仿、想象的变化，既是明代的宫廷风气、画学体系所致，也是明代整体画风的转变所致，与宋代明代整体思想体现的转变有一定关系。

## 二、从宫廷到民间：图像流通与知识传播

在各种因素的影响之下，明代的彩绘本草图最早出现在宫廷的官修本草著作《本草品汇精要》之中。随着《本草品汇精要》流传至民间，其图像被民间闺阁画家文俶所吸收。从一个纯粹的画者角度出发，文俶的关注点仅在于图像，故而剔除文字描述，仅仿绘图像，并由其父文从简著录药名，通过这样的图像传播路径，使本草图从原本的本草知识范畴进入艺术绘画领域。而文俶的弟子周淑祜、周淑禧二人，则完全视其为艺术绘画，对其进行临摹。

明代女性画家所选择的题材，以花鸟居多数。李湜曾指出，女性之所以钟情于花鸟画，这与她们重要的日常生活内容——做女红是分不开的。许多女性钟情于花鸟绘画，一方面是出于修身养性的目的，另一方面则是为刺绣、手工等女红打基础。[1] 因此，在学画初期，她们都对一个绘画的粉本进行仿绘。而在文俶习画的过程中，由于家庭环境的关系，选择了《本草品汇精要》作为粉

[1] 李湜.李湜谈中国古代女性绘画 [M].长春：吉林科学技术出版社，1998：58-101.

本进行模仿绘画练习，而其弟子祜、禧自幼就开始这种习仿，并以《金石昆虫草木状》为粉本练习绘画。

不仅如此，尽管如李湜所言，明代的女性画家大多只满足于临摹，但是文俶、祜、禧三人在习画中均存在从"入"到"脱"的过程。她们在摹绘了大量本草图像之后，就将本草图引入到绘画领域，比如文俶对大量罂粟、萱草的绘制，祜、禧二人对草虫的绘制，尽管并非直接模仿本草图，但明显带有本草图的风格。

本草图像本身有两层功能，一层在于审美，另一层在于辨识植物。然而，在这种图像的流传中，尽管本草绘画技法得以传播，但是其中的自然知识并未得到传播，甚至可以说，在最初绘制本草图像的宫廷画家中，自然知识就是缺位的，导致很多图像并不准确。而这种图像在流向民间画家的过程中，诸如文俶及祜、禧两姊妹，都是关注图像本身，对图像进行无差异的临摹，故而无法谈及其中自然知识的传播。

而在画家绘画过程中，通过不断地临摹形成了一定的绘画套式，在这种套式之下，并不需要对自然的直接观察和对自然知识的掌握，比如文俶所绘的萱草图，很多都是植物与石头的组合；她在对植物的不断临摹中，已经能够很好地掌握其绘画技巧，故而将植物移植到特定的背景中即可。

明代彩绘本草图像的流变，反映了本草图像从本草知识范畴向艺术绘画领域流动，并对绘画产生影响的一种趋势。不过，图像流传中自然知识的缺位导致其失去了本草图像应有的价值。

## 三、知识传播中的"望文生义"与"视而不见"

在画者的视野中，彩绘图像在制作与流传时，自然知识与艺术绘画是完全分离的。无论是专业画师还是民间画家，他们并不关心植物的真实状态，以至于本草图在流传过程中，出现名不符实的情况。在知识传播中，存在着以讹传讹以及随意的"望文生义"的联想方式，以致造成知识传播中的断层。

最为典型的就是"猕猴桃"一例。猕猴桃尽管在唐代就有栽培记载，但并不多见于日常生活，直到后来被新西兰人引种栽培成功后重新引入我国，才广泛被人们所接受[1]。它之前主要出现在药用本草之中，画家对这种远离日常生活的植物并不熟悉，只能根据其名，把它想象成蔷薇科桃属的植物。其实，在文字描述中，有着详细的描述，比如绿色皮等。此外，落花生亦是如此，在明代花生是刚传入我国的作物，在不同著作的流传过程中，由于字纸的脱落而逐渐出现讹传，比如有传花生大如桃，以至于画者在绘画时将其画成了桃子一样的植物。

在后来的图像摹绘中，由于画者本身并不了解自然知识，使得诸多错误不断重复。即使祐、禧姊妹所绘的猕猴桃也不能幸免。由于两人在摹绘时尚处在幼年之时，对自然知识的掌握尚且不足，而其父周荣起在补充名称及图说时，亦未注意到其间的差异。实际上，他们的目的仅在于绘制出精美的图像，而无意于探究其为何物。

这种"以讹传讹"，足可见文人画士在传播知识的时候，根本不注重对植物实际情况的考察，编纂者仅是

[1] 罗桂环.猕猴桃发展小史 [J].中国农史，2002（3）：25-27.

对知识本身进行复制，而不去追本溯源；至于画者，仅是不断进行模仿，同样不关注自然知识。因此，无论是文人还是画者，在植物知识面前，更多仅是一种知识复制，而极少进行自然探索。

* * * * *

诗人六义，多识于鸟兽草木之名，而律例四时，亦记其荣枯语默之候。所以绘事之妙，多寓兴于此，与诗人相表里焉。

——《宣和画谱》

北魏时期贾思勰曾从农学家实用的角度出发，认为花卉一类过于虚浮，不入农家者之流，他在《齐民要术》中说"花草之流，可以悦目，徒有春华，而无秋实，匹诸浮伪，盖不足存"[1]。但是唐宋以降，文人士者不仅延续了传统的在解经中考证动植物名物、发展博物学的路径，而且开始亲自观察、栽培一些观赏植物，故而逐渐兴起了为植物撰写谱录的书写体例。到明代时，花卉更是得到文人的喜爱，有些人甚至到了痴迷成癖的地步，如袁宏道在《瓶史》中所描述，"古之负花癖者，闻人谈一异花，虽深谷峻岭，不惮蹒跚而从之。至于浓寒盛暑，皮肤逡麟，汗垢为泥，皆所不知"[2]。与此同时，画者常以诗人关注的对象作为参照，故而花卉、蔬果也成为绘画的题材，画者也为植物谱录绘制相应的图像。如果说本草、农书中的植物图像主要用于鉴别植物，服务于基本的物质生活，那么植物谱录及园艺著作（特别是花卉方面）中的植物图像则更贴近于文人的精神追求，因此，从植物知识的角度而言，花卉园艺谱录及图像同样颇具价值。

植物谱录系指以记录植物品种、形态、栽培方法以及相关故事诗文的一种书写体例[3]，因此，除了本草、农书，植物谱录也是古代承载植物知识的重要形式。按其收录植物品类，植物谱录有通谱与专谱之分；按照内容，

[1]贾思勰.齐民要术译注[M].缪启愉，缪桂龙，译注.上海：上海古籍出版社，2009：15.

[2]袁宏道.瓶史[M].济南：山东画报出版社，2015：57.

[3]魏露苓.明清动植物谱录及其特点[C]//华觉明，主编.中国科技典籍研究——第一届中国科技典籍国际会议论文集.郑州：大象出版社，1998：213.

又可分为综合谱录、品种谱录、园艺栽培谱录等。宋代至明代是植物谱录蓬勃发展的时期，无论所涉及的植物种类还是植物数目，均有大幅度的增加，并且书写体例也臻于成熟。其中，花卉谱录占据了植物谱录中的很大一部分，我国古代仅花谱至少就有 96 种[1]。

除传统的文字植物谱录外，在宋元时期还形成了以图为主、文字为辅的介于画谱与文字谱录之间的谱录形式，这种谱录在历史上多被归并至画谱之中，但是它们往往也承担着记录植物知识的功能，因此兼具植物谱录的性质。到明代时，在植物谱录与绘画、画谱的不断融合交织下，在图像植物谱录的不断分化演变下，形成了专门用以指导习画的植物画谱、附有插图的园艺谱录以及附有植物图像知识的综合性版画等。

[1] 据王毓瑚所撰的《中国农学书录》统计。参考：王毓瑚. 中国农学书录 [M]. 北京：中华书局，2006.

古人对植物的记载，除了以"谱录"方式呈现，还多以绘画图像记其形。宋代已经形成非常繁荣的花卉绘画图景。画家通过对花卉植物细致直接的观察，将其形态特征用绘画表现出来，这种图像除具有审美价值，还承担着识别植物的功能。到明代时，这种以花卉为主题的绘画在花卉文化盛行的社会文化背景之中得到了进一步发展。

植物谱录中的文字、图像以及植物绘画之间有着非常密切的关系。本章将以花卉为核心，考察明代的植物谱录与植物绘画之间的关系，以及花卉画谱与花卉谱录之间的变迁及分化。

第一节

图而谱之：明代以前的植物谱录与植物画

白居易在调任南宾守<sup>[1]</sup>时，曾写有一篇《荔枝图序》：

荔枝生巴峡间，树形团团如帷盖。叶如桂，冬青；华如橘，春荣；实如丹，夏熟。朵如葡萄，核如枇杷，壳如红缯，膜如紫绡，瓤肉莹白如冰雪，浆液甘酸如醴酪。大略如彼，其实过之。若离本枝，一日而色变，二日而香变，三日而味变，四五日外，色香味尽去矣。

元和十五年（820年）夏，南宾守乐天，命工吏图而书之，盖为不识者与识而不及一、二、三日者云。<sup>[2]</sup>

这篇"图序"是白居易为画工所绘荔枝图而题写的序言。序文对荔枝的形、色、味等均进行了准确的描述。从植物谱录的体例而言，这也是一篇记录荔枝的短小谱录。白居易在最后提及，对荔枝"图而书之"的原因在于让不认识荔枝或者对荔枝认识不深入的人能够认识荔枝。从这篇"图序"可看出唐时图画与相应文字的互相配合，在识别植物中起着重要作用。

与白居易之《荔枝图序》类似，宋代吕大防撰写的《瑞香图序》，亦是为其绘画所做之序：

瑞香，芳草也，其木高才数尺，生山坡间，花如丁香，而有黄、紫二种，冬春之交其花始发，植之庭槛，则芳馨出于户外，野人不以为贵，宋景文亦阙而不载，予今春城后二十年守成都，公庭、僧圃靡不有也，予恐其没于草，一日见知于时，殆与人事无异，感而图之，因为之序。<sup>[3]</sup>

这种用图、文两种形式记载植物形色的描述手段在中国传统社会一直得以延续，甚至到清代时，周篔在《析津日记》中，还曾为没有人对当时的芍药绘图写谱而表有遗憾：

[1] 南宾守：据《旧唐书·地理志》"贞观八年（634年），改临州为忠州；天宝元年（742年），改为南宾郡；乾元元年（758年），复为忠州"。故而，南宾守实际为忠州刺史。

[2] 严杰，编选.白居易集[M].南京：凤凰出版社，2014：291.

[3] 汪灏.广群芳谱：第2册：卷四十一 瑞香[M].上海：上海书店出版社，1985：985.

[1]汪灏.广群芳谱:第2
册:卷四十五 花部芍药
[M].上海:上海书店出版
社,1985:1082.

[2]罗桂环.宋代的"鸟兽
草木之学"[J].自然科学
史研究,2001(2):153.

[3]久保辉幸.宋代植物
"谱录"的综合研究[D].
北京:中国科学院自然科
学史研究所,2010:97.

[4]同[1].

芍药之盛,旧数扬州,刘贡父谱三十一品,孔常父谱三十三品,王通叟谱三十九品,亦云瑰丽之观矣,今扬州遗种绝少,而京师丰台,连畦接畛,倚担市者日万余茎,惜无好事者图而谱之。[1]

唐宋以降,就已经形成了用图、谱两种方式对植物进行描述记录的传统,图与谱可谓是当时书写植物的两种体例,这两种体例的并用似乎形成了记录植物形态的规范。绘图、写谱之目的,很大程度都在于对植物的形、色、味等知识进行记录、传播与流传。在这种书写体例之中,文字与图像是密不可分的两种表达手段。

宋代博物学兴盛的重要标志就是大量植物谱录的涌现。而谱录主要用于记录带有地方特色的花卉果木[2]。在宋代以前,有籍可考的植物学专著不过十余种,流传于世者更是稀有,而以"谱"为名者则仅有戴凯之的《竹谱》。至宋代时,植物谱录蓬勃而起,据久保辉幸考证,非花卉植物谱录有 26 种,而花卉植物谱录则有 37 种[3]。

宋元时期的植物谱录中,有不少原本都是附带有图像的。比如,欧阳修的《洛阳牡丹谱》本身就附有《洛阳牡丹图》,刘邠的《芍药谱序》中也记有"故因次序为谱三十一种,皆使画工图写,而示未尝见者使知之,其尝见者,固以吾言为信矣"[4],故而其原本也应是附有图像的。范成大所著的《范村梅谱》亦提及"顷见东阳人家菊,图多至七十种"。宋伯仁的《梅花喜神谱》以及元代李衎的《竹谱》更是直接采用图文并茂、以图为主的谱录形式。而胡融所著的《图形菊谱》,从其书名来看,原本可能就是一部图像植物谱录。

更有甚者，在植物谱录的书写中，处处可窥见其中图像绘制的踪迹，仅以主题为"荔枝"的相关谱录为例，就有多种谱录提及为荔枝作图。

张九龄赋之，以托意白居易刺忠州。既形于诗，又图而序之，虽仿佛颜色，而甘滋之胜莫能着也。（宋·蔡襄《荔枝谱》）

刘崇龟姻旧或干以财，崇龟不答，但画荔枝图与之。（明·徐燉《荔枝谱》）

今既写图，并录杂诗于左。（明·宋珏《荔枝谱》）[1]

陆游在《老学庵笔记》中也记载了多种植物的绘图，比如：

凌霄花未有不依木而能生者，惟西京富郑公园中一株，挺然独立，高四丈，围三尺余，花大如杯，旁无所附，宣和初，景华苑成，移植于芳林殿前，画图进御。[2]

蜀孟氏时，苑中忽生百合花一本，数百房，皆并蒂，图其状于圣寿寺门楼之东颊壁间，谓之瑞花图，至今尚存。[3]

在植物图与谱繁荣兴盛的同时，植物也进驻到花鸟画中，得到长足的发展。南宋时的郭若虚就曾在《论古今优劣》中说"若论佛道人物，仕女牛马，则近不及古；若论山水林石，花竹禽鱼，则古不及近"[4]。

《宣和画谱》记录了北宋时期的画作内容，对其中的植物花卉绘画进行了统计[5]（见表5-1、表5-2），从中可以发现宋代正处于花鸟画发展的高峰期。

[1] 彭世奖，校注.历代荔枝谱校注[M].北京：中国农业出版社，2008：4，57，205。

[2] 陆游.老学庵笔记：卷九[M].李剑雄，刘德权，点校.北京：中华书局，1979：120。

[3] 陆游.老学庵笔记：卷三[M].李剑雄，刘德权，点校.北京：中华书局，1979：39。

[4] 郭若虚.图画见闻志[M].南京：江苏美术出版社，2007：36。

[5] 俞剑华，注译.宣和画谱[M].南京：江苏美术出版社，2007.[按照《宣和画谱》所分门类，主要有花鸟、墨竹和蔬果三类涉及植物的画作，以此为基础进行统计。]

表 5-1　唐宋时期各门类画家人数统计表（单位：人）

| 朝代 | 道释 | 人物 | 宫室 | 番族 | 龙鱼 | 山水 | 畜兽 | 花鸟 | 墨竹 | 蔬果 | 总计 |
|------|------|------|------|------|------|------|------|------|------|------|------|
| 唐 | 19 | 13 | 1 | 2 | 0 | 10 | 14 | 8 | 0 | 0 | 67 |
| 五代 | 12 | 6 | 2 | 3 | 2 | 2 | 4 | 8 | 1 | 2 | 42 |
| 宋 | 13 | 10 | 1 | 0 | 6 | 29 | 8 | 30 | 11 | 3 | 111 |

表 5-2　唐宋时期各门类画作统计表（单位：幅）

| 朝代 | 道释 | 人物 | 宫室 | 番族 | 龙鱼 | 山水 | 畜兽 | 花鸟 | 墨竹 | 蔬果 | 总计 |
|------|------|------|------|------|------|------|------|------|------|------|------|
| 唐 | 422 | 205 | 4 | 109 | 0 | 187 | 169 | 89 | 0 | 0 | 1185 |
| 五代 | 413 | 52 | 33 | 24 | 50 | 95 | 49 | 681 | 1 | 4 | 1402 |
| 宋 | 289 | 232 | 34 | 0 | 67 | 806 | 103 | 2016 | 147 | 20 | 3714 |

不仅如此，在此基础上对《宣和画谱》中所涉及的具体植物种类进行统计，并将之与当时集大成的综合性植物谱录《全芳备祖》作对比（见表 5-3），亦可窥见一些规律。

《宣和画谱》中所收录的画名多如"蹴躅孔雀图""鹧鸪药苗图""木瓜雀禽图""梨花鹁鸽图""木笔鹁鸽图"等。这种有规律的命名为程序化的量化统计提供了可能。由于画作名中均包含了植物名，因此对这些画作名进行整理，可以采用词频统计[1]的方法，编写 Perl（Practical Extraction and Report Language，实用报表提取语言）语言程序，对其中所出现的植物频次进行统计。然后，结合植物学知识及植物学考证，可以将一物多名者进行合并。

[1] 词频统计最早见诸语言学中的词频统计（即所谓的"数学语言学"），后来在生物信息学等其他学科中应用较多。2014年，尼克在《上海书评》上发文提出"计算历史学"（computational historiography），用通过科学计算的方法来研究历史，笔者采用的词频统计法亦为此途径。参考：①尼克.计算历史学：大数据时代的读书[N].东方日报·上海书评，2014-06-15.②洪波.词频统计的发展[J].图书与情报，1991：2.

《全芳备祖》是宋代一部具有代表性的综合性花谱类著作，有人甚至誉其为"世界最早的植物学辞典"[1]，如其自序"独于花果草木，尤全且备"[2]所言，此书记录了众多花卉、蔬果等栽培植物的内容。全书分前、后集，共58卷，分为花、果、卉、草、木、农桑、蔬、药8部，共记植物296种（表5-3）。

[1] 吴德铎.《全芳备祖》述概 [J].辞书研究，1983（3）：117.

[2] 陈景沂.全芳备祖 [M].民国时期燕京大学图书馆精钞本.祝穆，订正.波士顿：哈佛大学图书馆.

表5-3　《宣和画谱》与《全芳备祖》中的植物对比

| 植物名 | 现代植物学分类 | 《宣和画谱》 | | 《全芳备祖》 | |
| --- | --- | --- | --- | --- | --- |
| | | 植物名 | 画数（幅） | 植物名 | 分类 |
| 竹 | 禾本科竹亚科 | 竹、紫竹、笋、筋竹、夹竹 | 337 | 竹 | 木部卷之十六 |
| 牡丹 | 毛茛科芍药属 | 牡丹、魏花 | 151 | 牡丹 | 花部卷之二 |
| 木芙蓉 | 锦葵科木槿属 | 芙蓉、拒霜 | 84 | 芙蓉 | 花部卷之二 |
| 桃 | 蔷薇科李亚科桃属 | 碧桃、蟠桃、饼桃、桃实、千叶桃、桃花、夭桃、绯桃 | 83 | 桃花桃 | 花部卷之八果部卷之五 |
| 莲 | 睡莲科莲属 | 荷、菡萏、莲 | 67 | 荷花 | 花部卷之十一 |
| 海棠 | 蔷薇科苹果亚科 | 海棠 | 60 | 海棠 | 花部卷之七 |
| 梅 | 蔷薇科李亚科杏属 | 梅花、梅、青梅、江梅、雪梅 | 53 | 梅红梅 | 花部卷之四果部卷之五 |
| 杏 | 蔷薇科李亚科杏属 | 杏花、红杏、杏 | 45 | 杏花杏 | 花部卷之十果部卷之五 |
| 芍药 | 毛茛科芍药属 | 红药、芍药 | 36 | 芍药 | 花部卷之三 |
| 葵 | 锦葵科植物 | 黄葵、蜀葵、戎葵、葵花 | 36 | 葵花、黄葵、葵菜 | 花部卷之十四 |
| 梨 | 蔷薇科梨属 | 梨花、鄜梨、梨 | 35 | 梨仁 | 果部卷之六 |
| 芦苇 | 禾本科芦苇亚科 | 芦、蒹葭 | 32 | 芦花 | 花部卷之十四 |
| 山茶 | 山茶科山茶属 | 山茶 | 31 | 山茶 | 花部卷之十九 |
| 菊 | 菊科菊属 | 寿菊、碎金、寒菊、菊花 | 28 | 菊花 | 花部卷之十二 |
| 杜鹃花 | 杜鹃花科 | 踯躅 | 27 | 杜鹃 | 花部卷之十六 |
| 木瓜 | 蔷薇科木瓜属 | 木瓜、木瓜花、榠楂 | 26 | 木瓜 | 果部卷之八 |
| 茄子 | 茄科茄属 | 茄菜、茄 | 21 | 茄 | 蔬部卷之二十五 |

| 植物名 | 现代植物学分类 | 《宣和画谱》 | | 《全芳备祖》 | |
|---|---|---|---|---|---|
| | | 植物名 | 画数（幅） | 植物名 | 分类 |
| 萱草 | 百合科萱草属 | 萱草、忘忧 | 19 | 萱草 | 花部卷之二十六 |
| 苹果 | 蔷薇科苹果亚科 | 来禽、林檎、金林檎 | 14 | 林檎 | 花部卷之七 |
| 荔枝 | 无患子科荔枝属 | 荔子（品种名：方红、粉红、朱柿、牛心、蚶壳、真珠、丁香、钗头红、虎皮、玳瑁） | 11 | 荔枝 | 果部卷之一 |
| 月季 | 蔷薇科蔷薇属 | 月季、长春 | 10 | 月季、长春 | 花部卷之二十 |
| 白菜 | 十字花科 | 菜、生菜、青菜 | 10 | 蔬菜 | 蔬部卷之二十四 |
| 水荭 | 蓼科 | 水荭 | 9 | 水红 | 花部卷之二十七 |
| 枇杷 | 蔷薇科苹果亚科 | 枇杷 | 8 | 枇杷 | 果部卷之六 |
| 李 | 蔷薇科苹果亚科 | 李子花 | 8 | 李花、李荟 | 花部卷之九 果部卷之八 |
| 松 | 松科松属 | 松 | 6 | 松 | 木部卷之十四 |
| 玉兰 | 木兰科木兰属 | 木笔、辛夷 | 5 | 木兰、辛夷 | 花部卷之十九 |
| 板栗 | 壳斗科栗属 | 栗 | 5 | 栗 | 果部卷之七 |
| 葡萄 | 葡萄科葡萄属 | 葡萄 | 5 | 葡萄 | 果部卷之九 |
| 鸡冠花 | 苋科青葙属 | 鸡冠 | 5 | 鸡冠 | 花部卷之二十六 |
| 红蕉 | 芭蕉科芭蕉属 | 红蕉 | 4 | — | — |
| 荇菜 | 龙胆科荇菜属 | 荇 | 4 | 荇 | 卉部卷之十二 蔬部卷二十五 |
| 百合 | 百合科百合属 | 百合 | 4 | 百合 | 花部卷之十四 |
| 樱桃 | 蔷薇科李亚科 | 朱樱、含桃 | 3 | 樱桃 | 花部卷二十四 果部卷之九 |
| 茴香 | 伞形科茴香属 | 茴香 | 3 | — | — |
| 栀子 | 茜草科栀子属 | 栀子 | 3 | 薝卜 | 花部卷之二十二 |
| 牵牛花 | 旋花科牵牛属 | 牵牛 | 3 | 牵牛 | 花部卷之十四 |
| 葱 | 百合科葱属 | 葱 | 3 | 葱 | 蔬部卷之二十五 |
| 芭蕉 | 芭蕉科芭蕉属 | 芭蕉 | 2 | 芭蕉 | 草部卷之十三 |
| 柿 | 柿科柿属 | 柿 | 2 | 柿 | 果部卷之七 |

续表

| 植物名 | 现代植物学分类 | 《宣和画谱》 | | 《全芳备祖》 | |
| --- | --- | --- | --- | --- | --- |
| | | 植物名 | 画数（幅） | 植物名 | 分类 |
| 太平花 | 虎耳草科山梅花 | 太平花 | 2 | 太平 | 花部卷二十七 |
| 芥 | 十字花科芸薹属 | 芥 | 2 | 芥 | 蔬部卷二十七 |
| 槐 | 豆科槐属 | 槐 | 2 | 槐 | 木部卷之十五 |
| 瑞香 | 瑞香科瑞香属 | 瑞香 | 2 | 瑞香 | 花部卷二十二 |
| 蔷薇 | 蔷薇科蔷薇属 | 红薇 | 1 | 蔷薇 | 花部卷之十七 |
| 木槿 | 锦葵科木槿属 | 槿花 | 1 | 朱槿 | 花部卷之二十 |
| 玫瑰 | 蔷薇科蔷薇属 | 玫瑰 | 1 | 红玫瑰 | 花部卷之二十 |
| | | 娑罗花 | 1 | — | |
| 枣 | 鼠李科枣属 | 枣 | 1 | 枣 | 果部卷之七 |
| 橘 | 芸香科柑橘属 | 橘 | 1 | 橘 | 果部卷之三 |
| 核桃 | 胡桃科胡桃属 | 胡桃 | 1 | 胡桃 | 果部卷之七 |
| 桂花 | 木樨科木樨属 | 香桂 | 1 | 岩桂 | 花部卷之十三 |
| 紫丁香 | 木樨科丁香属 | 紫丁香 | 1 | — | — |
| 银杏 | 银杏科 | 银杏 | 1 | 银杏 | 果部卷之七 |
| 蜡梅 | 蜡梅科蜡梅属 | 黄梅 | 1 | 蜡梅 | 花部卷之四 |
| 琼花 | 忍冬科荚蒾属 | 琼花 | 1 | 琼花 | 花部卷之五 |
| | 蔷薇科蔷薇属 | 宝相花 | 1 | 宝相 | 花部卷二十七 |
| | 蔷薇科蔷薇属 | 金沙 | 1 | 金沙 | 花部卷二十七 |
| | | 锦棠 | 16 | — | — |

　　《宣和画谱》收录画作中涉及的植物种类在《全芳备祖》中均是有迹可循的，由此可见，花鸟绘画与植物谱录在植物种类的选取上具有较大的一致性。《宣和画谱》的"花鸟门"大致可对应于《全芳备祖》的花部和果部，而其所谓的"蔬果门"则对应于《全芳备祖》的蔬部和果部。

　　宋代，除了综合性植物谱录，还出现了许多植物专谱，主要集中记述了竹、牡丹、芍药、海棠、菊花、梅、荔枝等植物。久保辉幸曾对宋代各时段的植物谱录数量进行了统计（表 5-4）[1]。

[1] 久保辉幸. 宋代植物"谱录"的综合研究 [D]. 北京：中国科学院自然科学史研究所，2010：99.

表 5-4 宋代各时间段植物谱录数量比较（单位：部）

| 品类 | 南北朝至五代 | 太祖、太宗 | 真宗、仁宗 | 英宗、哲宗 | 徽宗 | 高宗 | 孝宗、光宗 | 宁宗、端宗 | 时间不明 |
|---|---|---|---|---|---|---|---|---|---|
| 竹 | 2 | 2 | — | 1 | — | — | — | — | — |
| 牡丹 | — | 1 | 5 | 4 | 1 | — | 4 | — | — |
| 海棠 | — | — | 1 | — | — | — | — | 1 | — |
| 荔枝 | — | — | 3 | 2 | — | 1 | — | — | 1 |
| 芍药 | — | — | — | 3 | — | — | — | — | 1 |
| 菊花 | — | — | — | — | 2 | — | 3 | 3 | — |
| 梅花 | — | — | — | — | — | 1 | 1 | 2 | — |
| 兰花 | — | — | — | — | — | — | — | 2 | — |

形成专谱数量较多的植物，均在《宣和画谱》中出现的频次较高，这两者呈现出一定的线性相关性。其中，兰花在园艺、绘画及诗词中均占据重要地位，我国第一部"兰谱"出现在南宋绍定六年（1233年）的《金漳兰谱》中，在北宋关于兰的记载极少，仅在《清异录》《本草衍义》等中有所提及；而《宣和画谱》中也同样未见以"兰"入画者，"兰画"的出现与盛行，亦是在南宋之后。可见当时的文人与画者在关注对象上较为一致，均以当时社会较为盛行的植物为描述对象，前者用文字记录，后者以图像描绘，从而为植物留下多方位的图文记载。植物谱录与绘画的盛衰是并行发展的。

在植物品种层面，植物谱录与绘画亦是同步发展的。以荔枝为例，《宣和画谱》共收录了11幅荔枝图像，其中10幅均以荔枝的品种名出现，即方红、粉红、朱柿、牛心、蚶壳、真珠、丁香、钗头红、虎皮、玳瑁。宋代蔡襄著有一部记录荔枝的谱录《荔枝谱》，其中第七部分专门记录荔枝品种，共记载了32品荔枝[1]，《宣和画谱》中的这10种荔枝品种均为蔡襄《荔枝谱》中所列出的荔枝品种。

这种图与谱并重的植物书写体例不仅盛行于宋代，而且在明清时期一直得以延续。植物图与谱之间所呈现出的相关性，也是当时植物文化风尚的一种体现。其中所涉及的植物，一般皆为日常生活中接触较多的植物，因此画者对其认识颇为深入，在文字与图像记载上较为准确。

[1] 蔡襄.荔枝谱[M]//彭世奖，校注.历代荔枝谱校注.北京：中国农业出版社，2008：1-37.

◎

第二节

明代画谱、花谱之融合及分化

植物谱录与植物绘画之间存在着一定的相关性，而与绘画相关的，除了画作本身，还有画谱。所谓画谱，就是绘画的画法图解。在诸多植物画谱中，不仅有植物图的画法图解，还有大量植物描述；而在诸多植物谱录中，经常会附有植物图像。从这个角度讲，画谱与植物谱录之间存在一定的交集，有时甚至难以进行严格区分。本节将主要针对明代花卉画谱与花卉谱录之间的交织与分化进行探讨。

## 一、明代以前的图像植物谱录

如果说明代以前的植物谱录大多都是以文字为主，且有部分配以图像作为辅助的形式，那么有两部植物谱录可以说比较特殊。在这两部谱录中，图像占据了主体地位，文字反而成为图像的辅助，故可谓之图像植物谱录。这两部植物谱录就是南宋宋伯仁绘纂的《梅花喜神谱》和元代李衎的《竹谱详录》。

### 1.《梅花喜神谱》

《梅花喜神谱》通常被归类在"艺术"一门中，至今在艺术史中被研究颇多。然而按照宋伯仁的本意，其首先应当是植物谱录。其自序有云：

余于是考其自甲而芳，自荣而卒，图写花之状貌，得二百余品，久而删其具体而微者，止留一百品，各其所肖，并题以古律。以梅花谱目之，其实写梅花之喜神耳，如牡丹、

[1] 宋伯仁.梅花喜神谱
[M]//程杰,校注.梅谱.
郑州:中州古籍出版社,
2016:58.

[2] 同[1].

[3] 周放.《梅花喜神谱》
中诗、画与开花物候之初
探[J].北京林业大学学
报,2003(S2):83-84.

[4] 张艳芳.《梅花喜神
谱》与梅花开花过程及其
它[J].北京林业大学学报,
2001(S1):69-70.

竹、菊有谱,则可谓之谱,今非其谱也。余欲与好梅之士共之,借刊诸梓。[1]

宋代的"喜神"即是指画像,故而宋伯仁的《梅花喜神谱》即是为梅花的图像著写谱录,将传统的"以文述之"的谱录改为"以图示之"。该谱集中了梅花图一百幅,依次按照梅花生长的次序将蓓蕾、小蕊、大蕊、欲开、大开、烂漫、欲谢、就实等几个过程中梅花的形态用墨梅画的方式绘制出来。宋伯仁爱梅成癖,辟圃植梅,在梅花开放时,"嗅蕊吹英,挼香嚼粉"[2],对梅花的形态及其开放过程中的植物学特征有着清楚的认识。故而在其所撰谱录中,脱离了其他植物谱录以品种为主的特征,而是探索梅花的形态,其中也蕴含着丰富的梅花植物学知识,周放、张艳芳等人曾经对该画谱所描绘的梅花开花过程等植物学知识和物候知识进行了研究[3][4]。

## 2.《竹谱详录》

《竹谱详录》是元代画家李衎所作。李衎爱竹亦爱画竹,他通过自己在南方竹林中对竹子的形态、种类进行观察,完成了该书,具有较高的写实性。全书包括"画竹谱""墨竹谱""竹态谱""竹品谱"四部分,其中前两个部分分别介绍画竹子的技法以及画墨竹的原理和方法;后两个部分介绍竹子的形态、相关术语以及竹子的种类。因此,《竹谱详录》实际结合了后来标准的画谱与植物谱录,可谓是二者的结合体。关于该书中竹子图像的详细情况,罗桂环曾经进行了深入细致的研究,认为其绘制比较准确,很好地体现了科学与艺术的完美结合，显示了较高的学术价值 [1]。

这种图像植物谱录的出现使得植物专谱与艺术谱录的界限变得模糊，这两部著作通常被归在"艺术"一类，比如《梅花喜神谱》在《四库全书》分类中，被归属于"艺术类"，而非"谱录类"，并且常被认为是"我国现存最早的画谱" [2]，后世画梅花皆以此为圭臬，而同时其中的植物学知识亦不容忽视；《竹谱详录》介绍了画竹技法，故而常被视为画论著作 [3]，同时又对竹子的品类进行了详细介绍，亦作为植物专谱被收入农书之列 [4]。因此这些画者在创作图像植物谱录时也延续了文人解经过程中格物穷理、探求动植物知识的传统，正如《宣和画谱》所言："诗人多识于草木虫鱼之性，而画者其所以豪夺造化，思入微妙，亦诗人之作也。" [5] 故而，植物画谱在探讨中国古代植物学发展中的作用不容忽视。

[1] 罗桂环，汪子春 . 中国科学技术史：生物卷 [M]. 北京：科学技术出版社，2003：243-249.

[2] 俞汝捷，主编 . 中国古典文艺实用辞典 [M]. 北京：中国青年出版社，1991：992.

[3] 温肇桐 . 中国古代画论要籍简介 [M]. 北京：人民美术出版社，1980：16.

[4] 天野元之助 . 中国古农书考 [M]. 彭世奖，林广信，译 . 北京：农业出版社，1992：142-143.

[5] 俞剑华，注译 . 宣和画谱 [M]. 南京：江苏美术出版社，2007.

## 二、植物谱录与画谱的交织：以图像菊谱为例

至明代时，植物谱录更加繁多，其中亦不乏插图丰富的图像植物谱录。而在明代的谱录中，由于谱录编纂者身份和背景知识的差异，谱录在图像与文字的侧重点上会有所差异。菊花文化在中国传统文化中占据着重要地位，中国自古就有艺菊、赏菊、品菊、咏菊、画菊的传统。汉代以前，关于菊花的活动多以艺菊为主，更多关注菊花的药用和食用功能。随着社会的发展，菊花逐渐从实用功能衍生出审美意趣来，逐渐为更多的文人画

者所关注。自宋代起，菊花的相关谱录渐多，在明代时，出现了三部绘制有图像的菊花谱录。本节笔者将以这三部图像菊谱为例，探讨不同身份的作者在图像植物谱录表达上的特征。

## 1. 朱有燉[1]与《德善斋菊谱》

明代周定王朱橚第八子朱有燉著有一部《德善斋菊谱》，王华夫、张荣东等对其进行过初步介绍[2][3]。朱有燉在该谱录序言中写道：

> 彭城刘蒙为之作谱，继而吴门史正志、石湖范至能[4]皆有品述。考起三家之记，品其香色，载其花之次第，虽颇详尽，然互有同异。与今之名品又大抵牾。岂古今之异称耶？抑花有遇与不遇，故不同于后世耶？或南北风土之不齐，或栽种之法而有异，安得收取四方之种，植于一圃之中，吾为题品之，以为一定之论，岂不为菊谱之一快也。今取中州菊谱及予圃中，所植者六十余品，与古之名色之异于今者，共一百品。每品图其形色，并系小诗一首，辑为一编目，曰《德善斋菊谱》。[5]

朱有燉在此所提及的《刘蒙菊谱》《范成大菊谱》等皆归属在农书一类的谱录之中，以上序言可见朱有燉著菊谱的目的在于辨别不同品种菊花之间的差异，对不同品种进行记载，因此从其著谱录的目的而论，《德善斋菊谱》就是一部植物谱录。

在这部谱录中，朱有燉共汇集了明代中州及其毗邻地区 100 个品种的菊花，并根据菊花颜色进行了分类，共包括黄色 41 品，白色 20 品，红色 30 品，紫色 9 品。

[1] 朱有燉，镇平王朱有燉是周定王朱橚的第八个儿子。喜好学习，精于诗歌，曾作《道统论》数万字，又采集历代公族贤明，从夏代五子到元代太子真金有一百多人，作《贤王传》若干卷。

[2] 王华夫.明代佚本《德善斋菊谱》述略[J].中国农史，2006（1）：142-143.

[3] 张荣东.日藏明代孤本《德善斋菊谱》考述[J].中国农史，2010（4）：116-119.

[4] 史正志，号吴门老圃，著有《史氏菊谱》；范至能，即范成大，号石湖居士，著有《菊谱》，又称《石湖菊谱》或《范村菊谱》。

[5] 朱有燉.德善斋菊谱[M].波士顿：哈佛燕京图书馆，1458（明天顺二年）.

在每一品种的菊花中，都由品种名、基本形态、七言诗及菊花图像四部分组成（图5-1）。而在品种名之下，用极为简洁的小字，对菊花的花色、叶的状态以及花蕊进行介绍，从而描绘菊花的形态分类。比如"金孔雀"的特征为"深黄，赤心，千叶"，"合欢金"的特征为"千叶黄花，花朵小，皆并蒂"。尽管按照颜色分为了四类，但在每一类下又根据颜色详细描述，比如黄色又可分为深黄、浅黄、鹅黄、蜜色、蜡色、金黄、红黄等。该书采取了左图右文的形式，其菊花图像的风格显然继承了明代文人画的风格，并均能抓住菊花的典型特征。

在介绍完菊花品种后，还附有种植浇灌之法，包括栽菊、插菊、接菊和菊补遗四部分。

朱有燉之所以能够编纂这部图像菊谱，与其身份背景和人生经历不无关系。朱有燉是周定王朱橚的第八子，周宪王朱有燉之胞弟，封镇平王。从小在周王府成长的

图5-1　《德善斋菊谱》"添色喜容"图文

◇注：图像源自朱有燉《德善斋菊谱》，明天顺二年本，哈佛燕京图书馆藏。

[1] 高儒，周弘祖，撰．百川书志：卷十[M]．上海：上海古籍出版社，2005：144．

[2] 朱有燉．朱有燉集[M]．赵晓红，整理．济南：齐鲁书社，2014：707．

[3] 严性善．德善斋菊谱后序[M]//朱有燉．德善斋菊谱．波士顿：哈佛燕京图书馆，1458（明天顺二年）．

[4] 朱有燉．菊谱百咏图[M]．蔡汝佐，绘．贞享三年长尾德右卫门据德善斋重刊本//西川宁，长泽规矩也，编．和刻本书画集成：第5辑．东京：汲古书院，1976．

[5] 蔡汝佐，字元勋，号冲寰，以号行，生卒年月不详，明万历年间歙县人。工诗善画，人物、山水、花卉、鸟兽、鳞介都可画，尤喜梅、兰、竹，亦善木版画。万历时，为黄凤池辑《五言唐诗画谱》配诗画，《六言唐诗画谱》《七言唐诗画谱》亦出自蔡冲寰之手。还为陈继儒辑的《六合同春》《丹桂记》作图，为杨尔曾辑的《图绘宗彝》绘图。参考：张国标．徽派版画[M]．合肥：安徽人民出版社，2005：90-91．

朱有燉，受其父兄影响，很早就受到园艺环境的熏陶，为其撰写菊谱提供了有利条件。其父朱橚曾经亲自建立植物园圃，对其中植物进行仔细观察和实验，从而纂成《救荒本草》。其长兄朱有燉亦喜好园艺植物，曾作《诚斋牡丹百咏》《诚斋梅花百咏》《诚斋牡丹谱》，收录20余种牡丹品种以及栽培之法[1]。他擅长植菊，曾"作玩菊亭于园西，植菊四十余本"，并且"尝纵步于园圃，玩其趣而推其理也"[2]，对菊花的形态、性状等特征进行观察、记录，并绘成图像。在这种生活环境的影响下，朱有燉也对菊花情有独钟。他熟谙历代各种菊谱和咏菊诗词，认为菊花从药用、食用到审美意蕴，无不彰显着丰富的文化内涵。他"取中州所有品色并圃中"[3]，仔细观察研究，并在明天顺二年（1458年）重阳节组织大型赏菊活动，后又为每个品种的菊花吟诗作赋，绘制图像，撰成《德善斋菊谱》。

## 2.《菊谱百咏图》

除了朱有燉的《德善斋菊谱》，在日本还流传有一部《菊谱百咏图》[4]，与前者极为类似。现在日本有多本存世，分别藏于东京国立博物馆、九州大学图书馆和名古屋大学图书馆。该书中的菊花图像由"新安冲寰蔡汝佐"绘制，蔡汝佐是明代著名的画家，他主要为版画绘制图稿[5]。该书封面注明"模仿内府版本，一字不差"（图5-2）。

该书如其封面所写，与朱有燉的版本主体部分文字内容完全一致，但在所呈现出的版式上有所差异。德善斋版本采用了左图右文的方式，而《菊谱百咏图》采用

图 5-2　《菊谱百咏图》封面

◇注：图像源自西川宁、长泽
规矩也编《和刻本书画集成（第 5
辑）》，东京汲古书院 1976 年版。[菊
谱百咏图 2 卷菊谱百咏附录 1 卷(朱
有燉撰，蔡汝佐画，贞享三年长尾
德右卫门刊本复制)]

了上下分栏的方式，将菊花品种名、基本形色与图像置
于下栏，上栏为菊花诗词。这种分栏方式更加直接明了。

　　尽管文字内容完全一致，但是，在《菊谱百咏图》
中，所绘制的图像并不与德善斋版本相同。德善斋版本
在绘制菊花图像时，多采用中规中矩的画法，而在《菊
谱百咏图》中，花型多为斜入于页面之内，颇具灵动之感，
而且对于菊花的叶片细节结构描述更为精细（图 5-3）。
尽管仅通过这些图像很难鉴定出全部的具体品种，但一
些具有典型形态特征的品种（比如头状花序直径较小的
甘菊），还是能够看出其所绘的基本形态是较为准确的。

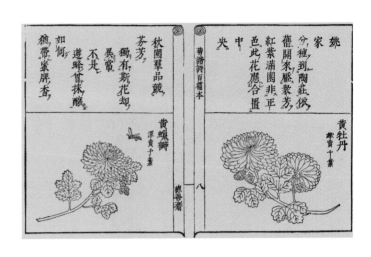

图5-3 《菊谱百咏图》版式

◇注：图像来源同图5-2。

### 3.《高松菊谱》

明嘉靖二十九年（1550年），画家高松[1]绘成《高松菊谱》，与《翎毛谱》合为一帙出版，名为《高松菊谱·翎毛谱》[2]。《高松菊谱》前有自序，现仅残存下半篇，序言表明此谱为博雅君子允藏而作。开篇为菊花绘制的歌诀，指明了画菊花的起手方法和绘制各种不同情态菊花的基本要领，并且辅以十七幅画菊图式来说明绘制的基本方法。其后以"秋香晚菊""异种天然"来标明画菊的通行样式。

在前半部分的画法图解中，高松对菊花的局部图进行了绘制，并从不同的部位进行了详细解释（图5-4）。从画谱的角度而言，这是一部以图解形式展示的画法图解。从菊花谱录的角度看，其展示了菊花的细节结构，对菊花花瓣的描绘细致入微。

[1]高松，字守之，号南崖子、我山，河北文安（廊坊）人，生卒年不详，活动于嘉靖年间。善书画，其人"甘贫不仕，工诗文，善书法，尤擅梅、兰、松、菊及写竹、翎毛"。

[2]高松.高松菊谱：翎毛谱[M].北京：中国书店，1996.

图 5-4  《高松菊谱》画法图解之一

◇注: 图像源自《高松菊谱·翎毛谱》,
中国书店 1996 年版第 2 页。

　　而在后半部分, 高松则根据不同的颜色对菊花进行分类绘制, 描绘了不同品种、不同形态的菊花。每种菊花都由菊花图、菊花名和一首题诗组成。其中, 黄色菊花 41 种, 白色菊花 20 种, 红色菊花 30 种, 紫色菊花 9 种。将其内容与《德善斋菊谱》相比, 会发现两者的内容完全一致 (图 5-5)。从此可看出, 在具体的菊花品种介绍这部分, 高松直接照搬了《德善斋菊谱》的内容, 其所绘制图像也与《德善斋菊谱》基本一致, 并且所有图像均符合他在《高松菊谱》开始所写的画菊歌诀: "菊瓣朝心列, 横长竖短诀。参差宽处添, 迎面中心结。倒悬下不丝, 平头上不设。翻身看后蒂, 向背分旁侧。"[1]

　　从图像的展示过程中可以看出, 从宋代的《梅花喜神谱》到明代的《高松菊谱》, 图文结合的形式出现了较大变化。《梅花喜神谱》的文字图像是相对分隔的,《德

[1]高松.高松菊谱: 翎毛谱[M].北京: 中国书店, 1996: 1.

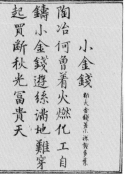

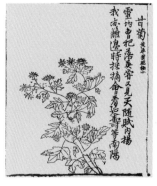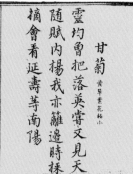

图 5-5 《高松菊谱》（上）与《德善斋菊谱》（下）对比

◇注：图像分别源自《高松菊谱·翎毛谱》，中国书店 1996
年版第 24、46 页；《德善斋菊谱》天顺二年（1458 年）本，哈
佛燕京图书馆藏。

善斋菊谱》中的图像与文字分别占一页，而在《高松菊谱》中，图像与文字结合在一起，真正做到了图文的相融，因此其称得上是一部图像植物谱录。

### 4. 文人、版画画家及专业画者笔下的菊谱

对于菊花的图文描述，以上三部菊花谱录在整体文字内容上基本一致，但是在表现形式上却各有特色。朱有燉出生在王室之家，而该王室家族一直有着喜好植物的传统，因此朱有燉自然也受到家族环境的影响，对园艺植物颇有爱好。按照朱有燉在序言中所提及的，他所著《德善斋菊谱》的出发点是辨别菊花品类，因此，他本着实证观察的精神，对菊花进行了仔细观察，尽管绘制有大量菊花图像，但其本质上仍然是一部植物谱录。

《菊谱百咏图》的绘画者为蔡汝佐，蔡汝佐主要为当时盛行的版画进行绘画，而版刻绘画者当有别于专门进行艺术绘画的文人画家，我们在此称其为"版画家"。在明代，很多版刻书籍都流行将以往的知识汇编在一起出版。在印刷技术的推动下，版画本身是一种强大的知识复制方式，就图像而言需要对画稿进行一丝不苟的复制。蔡汝佐绘图的《唐诗画谱》及《顾氏画谱》等皆是如此。因此，《菊谱百咏图》除了包含《德善斋菊谱》的内容，其后还附有诸多菊谱序言、菊花品种、灌溉方法以及花器等（图5-6）内容。蔡汝佐善于版刻，因此，《菊谱百咏图》在每个页面的排列上，都比《德善斋菊谱》更为规整，其将菊花的图文形态描述和咏菊诗词通过上下栏的形式分隔开来，而这种分隔方法在明代的版刻书籍中

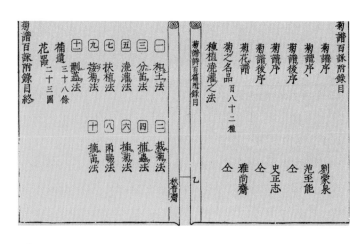

图 5-6　《菊谱百咏图》附录部分
◇注：图像来源同图 5-2。

也比较流行。

　　在《高松菊谱》中，由于高松本身是从事艺术绘画创作的画家，其做画谱的目的在于指导习画，因此该书的前半部分是画法图解。在后半部分开始之前，高松写有"前立规模以献写菊之原，但表意思而已，后图菊花一百种，诗一百首"[1]。可见这一百种菊花的绘制，对于高松而言，是对其画法图解的具体示例，并且在这一百种菊花的示例图像中，渗透了其前面所讲述的菊花画法。在《高松菊谱》中，高松仅照录了《德善斋菊谱》中的百种菊花，而其后的菊花栽培等部分，则不是高松关注的范畴，故而略去。

　　尽管蔡汝佐与高松均继承与发展了早期的《德善斋菊谱》，但由于他俩的表现目的与身份背景不同，使得不同的图像菊谱在形式表现上有所差异。值得注意的是，

[1]高松.高松菊谱：翎毛谱[M].北京：中国书店，1996：14.

尽管在表现形式上有所差异，但通过这种不同领域、不同目的的继承，亦可看出当时代表植物知识的谱录、代表版刻技术的版画制作以及代表绘画艺术的画谱之间的融合与交织，也可见在植物的表现上，不同的艺术手段之间并无严格的界限。通过上述对这三种不同的菊花图谱进行分析，将各自特征整理如下表（表5-5），可以更直观地反映不同类型的菊谱特征。

表 5-5 不同表现形式的菊谱的比较

| 书名 | 图谱分类 | 作者 | 作者身份 | 文字内容 | 图像风格 |
|---|---|---|---|---|---|
| 《德善斋菊谱》 | 植物谱 | 朱有燉 | 学者士人 | 菊花形态，七言诗 | 中规中矩 |
| 《菊谱百咏图》 | 植物谱 | 蔡汝佐 | 版画画者 | 补充其他菊花园艺知识 | 局部斜入 |
| 《高松菊谱》 | 画谱 | 高松 | 艺术画者 | 补充画法图解，删除栽培知识 | 艺术绘画 |

## 三、从图像植物谱录到植物画诀：以梅谱为例

前文提及，在宋代时，就有宋伯仁绘制的《梅花喜神谱》，这是较早的一部图像与文字相结合的梅谱，是画谱之雏形。《梅花喜神谱》通过画法图解的方式描述了不同生长阶段的梅花形态，大部分研究者都将其归并于画谱，但其植物谱录的性质亦不容忽视。宋伯仁在绘画的过程中秉承宋时"格物"之精神，通过对梅花的细致观察，从而对梅花进行非常写实的绘画。张东华对《梅花喜神谱》"格物"思想与花鸟画进行了深入研究[1]。明

[1] 张东华. 格致与花鸟画——以南宋宋伯仁《梅花喜神谱》为例 [D]. 杭州：中国美术学院，2012.

代时也有几部梅谱诞生，明代的梅谱实际上更具画谱的性质，画者亦很少通过对植物本身的直接观察进行绘画。在此将对明代的几种梅花画谱进行分析，并探讨梅谱的变化。

### 1.《雪湖梅谱》

《雪湖梅谱》由刘世儒[1]编绘，分上、下两卷，上卷包括像赞、序、评林、五言古诗、七言古诗、五言律诗、七言律诗，下卷包括五言排律、七言排律、五言绝句、七言绝句、附书、梅诀、梅花式、雪湖诗、跋。其中与梅花图像相关的仅有很少一部分，即梅花构成图式24幅、梅花全图24幅、写梅十二要、歌诀、梅病、华光口诀和扬补之论[2]。

在梅花的24种图式中，刘世儒主要刻画了单朵梅花的形态，比如正阳、正阴、向阳等，其中很多描述梅花的名词术语直接借鉴于《梅花喜神谱》，如麦眼、椒眼、孩儿面、二疏等。宋伯仁在《梅花喜神谱》中创建这些描述形态的名词术语时，喻指梅花不同阶段的形态，但是到了《雪湖梅谱》，它们已经不再反映梅花生长阶段的顺序，仅是描述梅花各个结构部位的形态表征（图5-7）。

其后是写梅十二要，讲述了绘制梅花的基本要领，其中对梅花的各个细部描述非常到位：

一墨色精神，二繁而不乱，三简而意尽，四狂而有理，五远近分明，六枝分四面，七势分长短，八苔有粗细，九侧正偏昂，十萼瓣大小，十一攒簇稀密，十二老嫩得宜。

[1]刘世儒，字继相，号雪湖，山阴人，为明代画梅高手，著有《雪湖梅谱》，传世作品有《雪梅双兔图》，现藏于天津市艺术博物馆；《梅花图》长卷、《梅花图》轴，藏于故宫博物院；《月梅图》轴，藏于日本东京国立博物馆。

[2]刘世儒.雪湖梅谱[M].刻本.墨妙山房，1681（清康熙二十年）.

其后又附有绘制梅花的歌诀：

写梅须是别阴阳，阴少阳多气味长。枝似六条须要硬，花如桃放带尖方。

正面端如钱眼大，侧开好似蝶飞忙。半芳须是髯长吐，烂放应知有落芳。

月下黄昏真笔少，雪中多半白遮藏。风雨一般分上下，烟岚一抹淡花藏。

一点胚胎太极先，雪香几影弄婵娟。纵横写到天然处，这是玄机妙莫传。

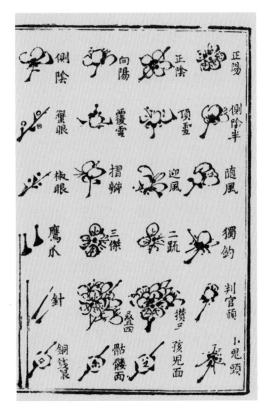

图 5-7　《雪湖梅谱》中的梅花图式 24 幅

　◇注：图像源自俞剑华《中国古代画论类编（上）》，人民美术出版社 2004 年版。

[1]汪懋孝，字虞卿，徽州休宁人，生卒年不详，善画梅，有《汪虞卿梅史》一卷传世。汪懋孝家族均善画（见《梅史》"师承"），他是明朝末期浙派画家汪肇的侄子。

[2]沈襄，字叔成，号小霞，山阴人。善写墨梅，姜绍书谓其"霜枝雪干，风骨峻嶒，自是清华之笔"。天启七年（1627年），为胡正言《十竹斋梅谱》作冰妃写照临水梅图。

[3]倪葭.历代梅谱研究[D].北京:中央美术学院, 2012.

[4]余绍宋.书画书录解题[M].北京:北京图书馆出版社, 2003: 675.

## 2.《汪虞卿梅史》

《汪虞卿梅史》，由汪懋孝[1]所编绘，刊刻于万历年间，具体时间不详。该书现藏于中国国家图书馆。

《汪虞卿梅史》前半部分的文字为"写梅叙论"，分原起、名法、楷模、笔墨、造妙、师承和郑重七则，后编附有梅花绘画欣赏。在"名法"一则中，汪懋孝主要分解了梅花不同部分之间的关系和特点，这与其后半部分的图式亦能相互呼应。他在讲述梅花时，使用类比手法来描写梅花的结构特征：

夫梅之为种，与生俱生，譬之于人，干其一身，枝梢其手足也，花蕊其颜面也，点缀其冠裳也，良史写照，岂独工其形似，要必极其神情，或以具凝重，或以见飞扬，或以呈色笑，匠心不同，运笔自如。

## 3.《小霞梅谱》

《小霞梅谱》由明代沈襄[2]所著。《小霞梅谱》借清代徐荣之《怀古田舍梅统》得以流传[3]。近人余绍宋在《书画书录解题》卷十一中记载：

梅花谱二卷明沈襄撰。见清黄虞稷《千顷堂书目》，徐荣《怀古田舍梅统》卷十曾采其略言，首载《华光口诀》叶之以韵，次载歌诀，次言写干、分枝、点苔、圈花、添须、布景、用墨诸法，最后言梅病八忌。所论颇为切要，惜未详其谱如何也。[4]

可见《小霞梅谱》主要着意于如何绘画梅花，继承了传统梅花画谱的风格。而其中在"圈花"部分亦提及诸多已经既定形成的画梅术语。

## 4.梅谱之变化

在宋代，宋伯仁所著的《梅花喜神谱》兼具画谱与植物谱录两种功能，其中将梅花的生长过程分为八个阶段，对每一阶段的梅花形状赋予不同的名称，进而对其进行图像及诗文描述。在绘纂中，宋伯仁严格遵守宋代的"格物"之法，对梅花进行了细致的观察，故而形成了不同阶段的特定梅花形态与梅花术语（表5-6）。

**表5-6 《梅花喜神谱》梅花形态命名**

| 生长阶段 | 梅花形态名称 |
|---|---|
| 蓓蕾 | 麦眼、柳眼、椒眼、蟹眼 |
| 小蕊 | 丁香、樱桃、老人星、佛顶珠、古文钱、鲍老眉、兔唇、虎迹、石榴、茨菇、木瓜心、孩儿面、李、瓜、贝螺、科斗 |
| 大蕊 | 琴甲、药杵、蚌壳、鹳嘴、卣、椇、笾、爵 |
| 欲开 | 春瓮浮香、寒缸吐焰、蜗角、马耳、篦、瓒、金印、玉斗 |
| 大开 | 彝、斝、欹器、悬钟、扇、盘、向日、擎露、鹿角、铺、鼎、猿臂、攒眉、侧面 |
| 烂漫 | 开镜、覆杯、冕、胄、凤朝天、蛛挂绸、渔笠、熊掌、飞虫刺花、孤鸿叫月、龟足、龙爪林鸡拍羽、松鹤吠天、新荷溅雨、老菊披霜、瑟、鼓、蜂腰、燕尾、惊鸥振翼、野鹊翻身、顾步、掩妆、晴空挂月、遥山抹云 |
| 欲谢 | 会星弁、漉酒巾、抱叶蝉、穿花蝶、暮雀投林、寒鸟倚树、舞袖、弄须、莺掷柳、鹦乘风、顶雪、欹风、蜻蜓欲立、螳螂怒飞、喜鹊摇枝、游鱼吹水 |
| 就实 | 橘中四皓、吴江三高、二疏、独钓、孟嘉落帽、商鼎催羹 |

在以上所述的明代梅谱中，大部分对梅花形态的命名都沿用了《梅花喜神谱》中的名称。这种名称在宋代出现后，便形成了固定的、可传承的术语与形态，在元明时期得以传承，并在此基础上有一定的增补，如王冕的《梅谱》中亦提及"花开五出，各以名兴：萌芽、柳眼、麦眼、椒眼、虾眼、蓓蕾……"[1]。

在明代梅谱中，不再是通过对梅花的观察进行绘制，而是将梅花的形态进行解构，将其分解成不同的部分，从而对其进行临摹、绘画，甚至不再按照四时生长规律对梅花进行绘画，而是将既已形成的名称程式化，形成固定的绘画口诀。从宋代兼具植物谱录性质的梅花画谱，到以绘画口诀、绘画技法为主导的画谱，其性质发生了本质上的变化。画谱的意义已经不在于对植物梅花本身的描述，而是将其作为一种具象艺术进行描述。因此可以说，明代的梅花绘画不再是写实的绘画，而是特殊意义上的知识复制。

[1] 王冕. 王冕集 [M]. 寿勤泽，点校. 杭州：浙江古籍出版社，1999：243.

[2] 黄凤池，明代徽州（今安徽歙县）人。辑刻《集雅斋画谱》，与蔡冲寰、胡正言等人同为当时著名的版刻家。

[3] 黄凤池，辑. 木本花鸟谱 [M]// 唐诗画谱 8 种. 集雅斋藏版. 唐本屋太兵卫，刊. 普林斯顿：普林斯顿大学图书馆，1672（日本宽文十二年）.

## 四、版刻画谱中的植物知识：《集雅斋画谱》（《唐诗画谱》）

《集雅斋画谱》又名《唐诗画谱》，是由"杭城花市内"的黄凤池[2]在明万历、天启年间辑刻而成的，是一部八种画谱的合集。万历年间黄凤池先后辑刻了《唐诗五言画谱》《唐诗七言画谱》《唐诗六言画谱》，天启年间又刊行了《梅竹兰菊四谱》《木本花鸟谱》[3]《草本花诗谱》[1]，后来又收录了《唐解元仿古今画谱》《张白云选名公扇谱》，将此八册画谱汇成一辑《集雅斋画谱》。而其中与花卉植物密切相关的是《梅竹兰菊四谱》《木本花鸟谱》《草本花诗谱》，前者主要介绍梅、竹、兰、菊四种花卉的画法与画诀。在此主要讨论后两部谱录。

《木本花鸟谱》尽管名为"花鸟谱"，但从目录和内文来看，实际仅是关于花卉的著录，共收录花卉50种，而其所绘图像却是花鸟版画。该书的基本书写体例为：对每一种花卉，先绘制一幅花鸟画，再对该花卉的品种、形色等特征进行介绍（图5-8）。

《草本花诗谱》的书写体例与《木本花鸟谱》类似，但其主要着重于花卉的绘制（图5-9）。值得注意的是，这两本书中的文字几乎都是从高濂所著的《四时花纪》《花竹五谱》上摘录而来的。高濂在《四时花纪》[2]中，按照春、夏、秋、冬四季的原则对花卉的品种、香色、栽种等进行了介绍；而黄凤池在此打乱了四时之顺序，将其按照当时木本、草本的概念重新分类，分成两部分。

尽管这两本书的内容均直接摘录于《四时花纪》《花竹五谱》，但仍可看出画者、编绘者们所具备的植物知识还是相当有限的，他们在摘录文字的过程中，较为刻板，仅是机械地进行文字搬运，并没有在与图绘的配合上着力。比如贴梗海棠（《木本花鸟谱》中作"铁梗海棠"），尽管图像所绘确实反映出了真实的贴梗海棠的特征，但文字描述却是针对所有海棠品种的，并未谈及贴梗海棠在形态上区别于其他几种海棠的特殊性。不过，这两本书中的图像绘制都较为准确。

[1] 黄凤池，辑.草本花诗谱[M]//唐诗画谱8种.集雅斋藏版.唐本屋太兵卫，刊.普林斯顿：普林斯顿大学图书馆，1672（日本宽文十二年）.

[2] 高濂.燕闲清赏笺：四时花纪[M]//遵生八笺.兰州：甘肃文化出版社，2004：411-445.

249

图 5-8 《木本花鸟谱》粉团花图文

◇注：图像源自黄凤池辑《唐诗画谱 8 种》，集雅斋藏版，唐本屋太兵卫于宽文十二年刊，1672 年，普林斯顿大学图书馆藏。

图 5-9 《草本花诗谱》戎葵图文

◇注：图像来源同图 5-8。

## 五、植物谱录中的插图：《培花奥诀录》

《培花奥诀录》是明代孙知伯所著的一部花卉著作，由寓形菴无我主人为其作序。从其序可以看出孙知伯心向佛门，淡泊名利，喜好花事，故而著成此书。孙知伯在该书中讲述近百种植物的基本特征以及植物的栽培、扦插、灌溉、除虫之法。他特别强调每种花卉的栽培方法都是不同的，因此，在学习掌握每种花的种植栽培方法之前，必须要能够准确地辨认不同花卉，否则盲目养花，不仅无益反而有害。而辨识植物最好的方法，就是凭借图像：

玉蕊有琼华之疑，梅红有杏看之差，皆由形质未确，故植示互异而莫之辨也。若然，即培方虽备，而花性不投，岂不以其养，反成其害乎。似不得不从事图画，以告同好也。但品类甚繁，何能周悉，惟就其易得而快目者图画一二可耳。[1]

花的品类繁多，无法穷尽所有花卉来进行讲述，因此孙知伯选取了48种常见的植物进行绘图，其选取植物的标准是普遍且常见，既不能是人尽皆知的植物，同时也不是所有人都完全陌生的。对于所有人都认识的花卉，就没有再绘出图像的必要；而对于所有人都陌生的花卉，说明种植者比较少，需要了解该花卉的受众自然也少。这种对描述对象的选择，完全不同于本草。本草中的植物多为药用，其面对的对象为采药者，因此需要穷尽所有药用植物；而在花卉类图像的绘制中，只需绘制文人们比较关注的植物，对植物的熟悉度越高、观察得越深入，其绘制的准确性也就越高。

[1] 孙知伯.佚还馆培花奥诀录[M].北京：中国国家图书馆.

孙知伯按照古人对花卉的象征意义，将这 48 种入画的植物分成四类：艳冶类、幽静类、韵致类、俊逸类。这 48 种植物分别如下（表 5-7）：

表 5-7 《培花奥诀录》所收花卉

| 类别 | 花品种 |
| --- | --- |
| 艳冶类 | 牡丹、芍药、绛桃、玉兰、西棠、山茶、梨花、蔷薇、红杏、瑞香、榴花、绣球 |
| 幽静类 | 莲花、菊花、瓯兰、辛夷、水仙、木香、宝相、栀子、萱花、玫瑰、茉莉、扁竹 |
| 韵致类 | 秋海棠、丽春花、石竹、山丹、芙蓉、番山丹、玉簪 |
| 俊逸类 | 丹桂、竹、梅、夜合、迎春、淡竹、秋葵、蕙兰、蜡梅、松 |

孙知伯在种植园艺植物时，已经意识到对植物的辨识是园艺的基础，如果对植物本身有所混淆，那么在培育方法上可能就会谬以千里。然而其中的一些植物图像仍然与文字描述不对应，比如夜合，从图像来看，就是现在的百合，而如今的夜合，实际是木兰科植物。

该书中的 48 幅花卉图像位于正文之前、序文之后，每页一幅大图，在每页图像的左下侧或右下侧标明植物名称。该书中所绘制的图像，其风格与明朝末期版画中的植物图像风格颇为相似，更有甚者，该书中的大部分植物图像与黄凤池的《木本花鸟谱》《草本诗花谱》中所附图像在构图及植物形态上完全一致（图 5-10）。两者不同之处在于，黄凤池的书中除以植物作为图像主体外，还点缀有蝶、鸟等动物背景图像，而在《培花奥诀录》中，仅绘制出其中的植物部分。

图 5–10　迎春图与卷丹图

◇注：图像分别源自孙知伯《倦还馆培花奥诀录》，中国国家图书馆藏，1640 年左右；黄凤池辑《唐诗画谱 8 种》，集雅斋藏版，唐本屋太兵卫，日本宽文十二年刊，1672 年，普林斯顿大学图书馆藏。

迎春图（培花奥诀录）　　　迎春图（木本花鸟谱）

卷丹图（培花奥诀录）　　　卷丹图（木本花鸟谱）

　　从这种图像构造上的相似性亦可看出，在版刻盛行的时代，图像的流通是极为频繁的，不同书籍间的图像会相互模仿，甚至一些植物构图已形成了既定的图像套式。从这个角度看，明代的版刻图像并非取法于自然的写实图像，更大程度上是一种图像的复制。而在这种图像复制的过程中，其绘画逐渐淡化了其中原本所蕴含的植物知识、自然知识，甚至完全不具备知识，只是一种固定的模仿与程式。

◎

第三节

谱录、花卉图与物候知识

通过上一节的探讨，可以发现宋代画家在绘制植物时，大都源自对植物形态最直接的观察与写实。而在明代，植物图绘的方式逐渐发生变化，更加程式化、口诀化，本质上是一种图像复制，少有源于对自然界的直接观察。尽管如此，明代很多花卉图和花卉谱录都蕴含着另一种自然知识，即物候知识，有着十分鲜明的四时特征，甚至出现了一类带有彩色图像的四时植物谱录。本节将着重讨论花卉谱录与花卉图中物候知识的关联及其传播影响。

## 一、绘画中的四时之花

从宋代起，花卉绘画兴起了一种将不同时节的多种花卉齐聚于同一画卷之中的风气，从而形成花卉图长卷的形式。不少花卉图册中均表现出明显的季节观念，将花卉按照开花时令进行排列。比如现藏于故宫博物院的北宋时期的《花卉四段图》，就展现了海棠、栀子、芙蓉和梅花四幅图像，分别为春、夏、秋、冬四季的代表花卉。至明代时，这种四时花卉图愈来愈多，如徐渭的《杂花图》《四时花卉图》、吴昌硕的《四时花卉图》[1]、鲁治的《百花图》、沈周的《花果图》（图 5-11）等。笔者对明代部分花卉图中涉及的四季植物进行了整理，如表 5-8。

除了按照四时之序，还有以"花信风"的形式在绘画中排列植物。所谓二十四番花信风即是根据农历节气

[1] 杨馨 . 四时群芳：浅析中国花鸟画中的"时空" [D]. 杭州：中国美术学院，2013：13.

## 表 5-8 明代花卉图中的四时花

| 画者 | 画卷名 | 馆藏地 | 春 | 夏 | 秋 | 冬 |
|------|--------|--------|-----|-----|-----|-----|
| 陈淳 | 折枝花卉 | 上海博物馆 | 牡丹、兰花、玉兰 | 荷花、蔷薇、栀子花、秋葵、百合 | 芙蓉、鸡冠花、菊花、凤仙花、桂花 | 水仙、山茶、梅花 |
| 沈周 | 花果图 | 上海博物馆 | 玉兰、瑞香、樱桃花、牡丹 | 枇杷、栀子花、桃、荷花、荔枝、莲藕、莲蓬 | 海棠、桂花、茄子、葡萄、秋葵、石榴、菊花、雁来红、萝卜、荸荠、芙蓉 | 水仙、蜡梅 |
| 周之冕 | 百花图卷 | 北京故宫博物院 | 富贵花、玉兰、兰花、粉团花、桃花、辛夷、海棠 | 鸢尾、枇杷、荷花、百合 | 菊花、木槿、鸡冠、芙蓉、竹、秋葵、指甲花 | 水仙、梅花 |
| 孙克弘 | 百花图卷 | 北京故宫博物院 | 紫丁香、芍药、兰花、玉兰、月季、木兰 | 罂粟 | 菊、桂花 | 白梅、山茶 |
| 王武 | 百花图 | — | 牡丹、芍药、碧桃、荼蘼、月季、辛夷、萱花 | 蜀葵、玉簪、石榴、荷花、秋葵、栀子花 | 紫薇、芙蓉、雁来红、菊花 | 水仙、梅花、山茶、松树 |

绘制植物：从小寒到谷雨，共八气，每气十五天，一气又分三候，每五天一候，八气共二十四候，每候对应一种花，也就对应了冬天到春天的花。二十四番花信风早在南朝时期就已形成。明代则出现了对应的绘画，鲁治[1]就画有《二十四番花信风》，尽管其画作今日已经不复存在，但《石渠宝笈》中对该画作进行了颇为详细的描述：

[1]鲁治，明代画家，号歧云，吴郡（江苏苏州）人。善画花卉、翎毛，其画作备见精巧、着色天然、饶有风韵。

本幅绢本，纵五寸四分，横六尺三寸五分，设色画花卉廿四种，分标名。

画家：口信春风，小寒：一候梅花，二候山茶，三候水仙；大寒：一候瑞香，二候兰花，三候山樊；立春：一候迎春，二候樱桃，三候望春；雨水：一候菜花，二候杏花，三候李花；惊蛰：一候桃花，二候棣棠，三候蔷薇；春分：一候海棠，二候梨花，三候木兰；清明：一候桐花，二候麦花，三候柳花；谷雨：一候牡丹，二候荼蘼，三候楝花。

自识右，按时令二十四番花信风，始小寒，终谷雨，余每入春，胜有此举，绘图题诗，以遣高兴，奈卉木不齐，开落亦异，种种蓦索，颇劳我思，遂尔中止，顿成陈迹。

图 5-11　沈周《花果图》（上海博物馆藏）

嘉靖丙辰自春徂秋，随意览物，以观造化之妙，讥枝辨叶，形影肤腠，忽雨连朝，笔研生润，乘兴漫写，聊续前盟，脱有疑误，观者勿诮，东吴岐云鲁治记。[1]

从《石渠宝笈》的记载中可以看出，鲁治的二十四番花信风是非常写实的。每次入春，就着手绘画，由于不同的花，开放时间并不相同，故而几番中断。无论是四时之花，还是二十四番花信风，都可看出明代的画者均有着丰富的物候知识，对不同花卉的开放时间颇为关注。

[1] 张照，梁诗正，等撰.石渠宝笈 [M].上海：上海古籍出版社，1991.

[2] 高濂.燕闲清赏笺：四时花纪 [M]//遵生八笺.兰州：甘肃文化出版社，2004：411-445.

[3] 夏旦.药圃同春 [M]//上海古籍出版社，编.生活与博物丛书：花卉果木编.上海：上海古籍出版社，1993：305-308.

## 二、花谱中的四时物候

除了花卉图表现出明显的季节时令性，植物谱录也明显表现了这种时令性。比如，高濂在《四时花纪》[2] 中，按照春夏秋冬四时的顺序记录了二百余种花卉植物，并对其形态、栽培方法等进行了简要描述。而其在《遵生八笺》中，也非常重视时令，均是按照四时的顺序进行记录。

此外，夏旦亦著有《药圃同春》[3]，按照月份记载了花卉之名，并对其形色、种植、移接等进行了记录，在此仅录其名如下：

正月：三品梅、绿萼梅、野梅、山茶、麦李。

二月：红杏、辛夷、玉兰、独本兰、并蒂兰、紫荆、御李、黄棠棣。

三月：牡丹、蜀茶、雪球、碧桃、扁桃、美人桃、紫兰、烟兰、碎米雪、玉团、长春、木香、粉团、蕾蓓。

四月：芍药、杜鹃、醉兰、木兰、含笑花、榴花、墙球、鹤顶红、蜀葵、白玉带、金盏花、千兴、射干花、黄蝴蝶、黄蜂花。

五月：荷花、玫瑰、茉莉、紫薇、山丹、青兰、红兰、金线边、银线边、朝槿、夹竹桃、水枝、萱花、昙花、天竹、刺牡丹、金雀花、金丝桃、铁线兰、金钟花、佛桑、百日红、剪春罗、斜堤花。

六月：祁花、葵花、金凤、谢落金、杜若（俗呼鸡冠）。

七月：玉簪花、秋海棠。

八月：芙蓉、瑞兰、鹤兰、醉杨妃（兰种）。

九月：菊花、桂花。

十月：白钱茶。

十一月：鹿葱花、剪绒花。

十二月：水仙花、海棠花、瑞香。

程羽文亦写过《百花历》，将每个月份的花卉编写成了朗朗上口的文字，便于记忆，从而有利于这种花卉物候知识的传播。

正月兰蕙芳，瑞香烈，樱桃始葩，径草绿，迎春初放，百花萌动。

二月桃始夭，玉兰解，紫荆繁，杏花饰靥，梨花溶，李花白。

三月蔷薇蔓，木笔书空，棣萼韡韡，杨入大水为萍，海棠睡，绣球落。

四月牡丹王，芍药繁于阶，丽春花，木香上升，杜鹃归，荼蘼香梦。

五月榴花照眼，萱北乡，夜合始交，檐葡有香，锦葵开，山丹颓。

六月桐花馥，菡萏为莲，茉莉来宾，凌霄结，凤仙绛于庭，鸡冠环户。

七月葵倾日，玉簪搔头，紫薇浸月，木槿朝荣，蓼花红，菱花乃实。

八月槐花黄，桂香飘，断肠始娇，白蘋开，金钱夜落，丁香紫。

九月菊有英，芙蓉冷，汉宫秋老，菱荷化为衣，橙橘登，山药乳。

十月木叶脱，芳草化为薪，苔枯萎，芦始荻，朝菌歇，花藏不见。

十一月蕉花红，枇杷蕊，松柏秀，蜂蝶蛰，剪彩时行，花信风至。

十二月蜡梅坼，茗花发，水仙负冰，梅青绽，山茶灼，雪花大出。

## 三、彩印本《花史》——四时花卉谱录与四时花卉图的结合

无论是在明代的花卉谱录还是花卉绘画中，均蕴含着丰富的物候知识。中国国家图书馆藏有一部《花史》，将四时花卉图与四时花卉谱录结合在一起。《花史》为万历二十八年（1600年）刊本，将花卉图按照春、夏、秋、冬四时的顺序排列，主要讲述四时花卉的形态及种植之法，其中有彩印图像。该书现存夏、秋、冬三集，缺春集。

该书最早由郑振铎先生收藏，后捐赠给中国国家图书馆。郑振铎曾考证其印法是"用几种颜色涂在一块雕版上，如用红色涂在花上，绿色涂在叶上，棕色涂在树干上，然后复在纸上刷印出来的"。这和后来出现的套印技术有所差别。由于这是最早的彩印版画，是版刻印刷技术上的一个重要的坐标点，因此其在版画史领域颇受关注。[1] 不过，笔者关注的是这部花谱中图像与文本的利用。

该书现存的夏、秋、冬三集中，共收载了43种花卉，其基本的书写体例是，在每种植物最前面，先绘制植物图像，然后介绍植物的名称、历史渊源、形色性味、品种、种植栽培、嫁接扦插等，其文字基本都摘编于以前的书籍，再在每一集的末尾，附上各种植物的诗词。

以萱草为例，其描述如下：

《格物总论》曰：萱草花，一名宜男，一名忘忧。跗六出，叶四垂，春末夏初着花，有红黄紫三种，又有一种名凤头，或曰一名鹿葱误矣，《神农经》中药养性，谓合欢蠲忿，萱草忘忧也，单叶可食，千叶者食之杀人，蜜色者香清，叶嫩，可充清供。

《述异记》曰：吴中谓萱草疗愁，春可食苗，夏可食花。

种法：移根畦中，稀种，一年自稠。春剪食如枸杞，夏不堪食，春间移栽。

其图像颇有明代文人画的风格，多采用水墨写意的方法，截取植物的一部分，对其进行细节刻画，均能反映出植物的真实形态（图5-12）。这种画风与明代主流的花卉图是一致的。

[1] 郑振铎在《西谛书话》中记载了其对该书的收藏，在《中国古代木刻版画史略》中强调了其彩色套印技术（第149~150页），周心慧在《明代版刻述略》中亦提及其彩色套印技术。

261

萱草　　　　　　　　　　　荷花

　　明代的花卉文化及花卉产业较为繁荣，花卉产业的繁荣主要表现在花农的普遍性以及花卉市场的繁荣上。《析津日记》记载："明初京师丰台栽培芍药甚盛，花市日销万余茎。"《帝京景物略》记载，明中叶北京右安门外南十里草桥，居人以种花为业："都人卖花担，每辰千百，散入部门。"牡丹原盛产于洛阳，明代栽培中心渐移至山东曹州和安徽亳州等地，据谢肇淛《五杂俎》（今作《五杂组》）记载："濮州曹南一路，百里之中，香气迎鼻，盖家家圃畦中俱植之，若蔬菜然。"苏杭一带盛栽茉莉、玫瑰，据文震亨《长物志》记载："章江编篱插棘，俱用茉莉。花时，千艘俱集虎丘，故花市初夏最盛。"[1] 这些记载足可见明代花卉市场之繁荣。正

[1] 文震亨.长物志[M]//上海古籍出版社,编.生活与博物丛书:花卉果木编.上海:上海古籍出版社,1993:305-308.

鸡冠花

水仙花

图 5-12　《花史》中的花卉示例

◇注：图像源自赵前《明代版刻图典》，文物出版社 2008 年版，第 462-469 页。其中图像影印中国国家图书馆藏《花史》。

是在这种趋势下，出于对花卉种植培育的需要，产生了诸多花谱，而士人画家对花的嗜好，使其进入绘画之中，进而出现了这种将花卉图与花谱结合的著作。值得注意的是，尽管在明代的花卉图、花谱以及民间流行的花卉口诀中，都表现出明显的物候四时倾向，但是其中的物候时令知识时常会出现相互矛盾之处，而这种矛盾与讹误在知识传播的过程中被保留下来，未有更改。

　　继《花史》之后，这种四时花卉谱录的形制得以沿用。到 1923 年时，还有许衍灼的《春晖堂花卉图说》，其中对花卉的排序，依然按照四时的顺序进行[1]，可见这种物候文化影响至深。

[1]许衍灼.春晖堂花卉图说[M].北京:中国书店,1985.

* * * * *

结　语

# 一、明代植物图像的多元化

　　经历了宋代植物知识的繁荣昌盛，至明代时，植物文化渗透到社会各个阶层，并在成熟的版刻技术以及繁盛的绘画艺术之下，催生了大量的图像植物著作。明代的图像植物著作，呈现出明显的多元化与碎片化特征，植物图像本身所表现出的风格也各有特色。植物图像所呈现出的形制，是由植物知识、版刻技术以及绘画艺术三个维度决定的，如果说这三个维度构成了一个植物图像的三维坐标系，那么明代的植物图像实际散布在整个三维空间的各个角落。

　　就植物图像表现形态而言，不仅不同著作中的图像差异较大，甚至在同一部著作中的植物图像都风格各异。在大部分著作中，所绘图像均以全株植物图为主，仅有《本草原始》《本草汇言》等以介绍药材为主的著作以植物局部图（药用部分）和剖面图（药材切面）为描绘对象。在传统本草著作中，大多都绘制出了植物根部的形态，这是由于大部分药用植物都是以根部为原材料的，西方早期的情况与之类似，所绘植物图中也都绘制有根部形态[1]。而在救荒食用植物著作中，图像多是绘制植物地上部分，因为大部分救荒植物可食部分都是地面以上的茎、叶、花、果，仅在地下部分可食的情况下，才绘制植物的地下部分。在几乎所有著作中，果部植物仅截取了植株的局部进行绘制，这可能是受到《本草图经》绘图套式的影响，由于木本植物较为高大，为了凸显其植株特征，沿用了宋代绘画折枝画的构图方式。

[1]安娜·帕福德.植物的故事[M].周继岚，刘路明，译.北京：生活·读书·新知三联书店，2008：66.

就植物图像色彩而言，随着印刷技术的发展，植物图像由黑白走向彩色。最初，出于方便印刻传播的目的，大部分著述都采用墨线图，仅有明代宫廷所绘的几部本草著作是彩色图像。这种彩色图像很大程度上是宫廷组织的规模浩大的本草工程，画师们为取悦于帝王而给植物图像敷以色彩。由于彩色图像在传播上较为困难，因而一直沉寂在本草学史上。这些彩绘本草图尽管未在本草学史上产生大的影响，却对民间的本草绘画影响颇深，成为一些画家临摹习画的范本，从而从本草领域进入绘画领域并得以流传。至明朝末期时，伴随着彩印技术的发展，《花史》等著作已经开始彩色印刷，颇具绘画艺术色彩的图像与印刻被结合在一起。而至《十竹斋画谱》时，则出现了套印技术，这种技术已经能够印制出色彩绮丽的植物图像。但是在传统本草与农学著作中，仍然是墨线图居多。

就图像植物著作的图文关系而言，不同著作差异较大。从图像与文字的位置而言，有些书籍图像与文字混合编排，置于同一页或相邻页，因此较为便于图文对照；而有一些书籍则将图像与文字截然分开，将图像置于卷首或者末尾，从而导致在图文对照时非常不方便。从图文之间的相关性而言，诸如《救荒本草》等著作，图像与文字表达的内容相互吻合，可以视为图文紧密结合的"图文体"，而在有些著作中，图像则承担了所有植物形态描述的功能，其文字并没有描述植物的形态，而是记述药性、食用功能等，因此只能视为图文松散结合的"图文式"。就图文的偏向性而言，大部分著作都以文字为主，配以插图；而少量书籍则以图像为主，文字为辅。这些图文关系的差异都与不同著作自身的目的和功能相适应。

此外，有些图像的性质为艺术绘画，主要追求其艺术效果；而一些图像的主要目的则在于鉴别植物，要力求准确；还有一部分图像仅绘制了非常粗糙的示意图。极少有图像兼具艺术性与准确性。

总体而言，明代的植物图像呈现出多元化的色彩（表6-1）。所有图像散布在由植物知识、绘画艺术和版刻技术所构成的三维坐标空间之中，亦如构成万花筒的彩色玻璃碎片一样杂乱无章。然而透过这些杂乱无章的玻璃碎片，我们却能够窥探到明代植物图像的基本图景，那就是拥有少量原创性的图像，因其往往都源于对自然直接的观察、写实，所以较为准确，比如《救荒本草》《本草原始》等。然而，直接取象于自然的图像极少，在后来的著作中，多是对植物图像的直接摹绘，而非对自然本身的刻画。从这个角度而言，明代的植物图像在很大程度上，是一种图像知识复制，甚至在这种复制之中，还出现了"以讹传讹"的现象，因此离所预期的鉴定植物的目标相去甚远。

表 6-1 明代植物图像呈现出多元化的特征

| 著作 | 图文排列 | | 图像形式 | | 图像色彩 | | 细节展示 | | 着重表现 | |
|---|---|---|---|---|---|---|---|---|---|---|
| | 分立 | 混排 | 全株 | 局部 | 墨线 | 彩色 | 细节图 | 示意图 | 绘画 | 知识 |
| 《经史证类备急本草》 | | ★ | ★ | | ★ | | ★ | | | ★ |
| 《本草纲目》（金陵本） | ★ | | ★ | | ★ | | | ★ | | ★ |
| 《本草纲目》（钱本） | ★ | | ★ | | ★ | | | ★ | | ★ |
| 《本草原始》 | | ★ | | ★ | ★ | | ★ | | | ★ |
| 《本草蒙筌》 | | ★ | ★ | ☆ | ★ | | | ★ | | ★ |
| 《本草汇言》 | ★ | | ★ | | ★ | | ★ | | | ★ |
| 《本草炮制》 | | ☆ | ★ | | ★ | | | ★ | | ★ |
| 《仙制本草》 | | ☆ | ★ | | ★ | | | ★ | | ★ |
| 《本草品汇精要》 | | ★ | ★ | | | ★ | ★ | | | ★ |
| 《食物本草》 | | ★ | ★ | | | ★ | ★ | | | ★ |
| 《补遗雷公炮制便览》 | | ★ | ★ | | | ★ | ★ | | | ★ |
| 《金石昆虫草木状》 | | | ★ | | | ★ | ★ | | ★ | |
| 《本草图谱》 | | ★ | | | | ★ | ★ | | ★ | |
| 《德善斋菊谱》 | | ★ | | | ★ | | ★ | | | ★ |
| 《菊谱百咏图》 | | ★ | | | ★ | | ★ | | ★ | |
| 《高松菊谱》 | | ★ | | | ★ | | ★ | | ★ | |
| 《花史》 | | ★ | | ☆ | | ★ | ★ | | | ★ |
| 《培花奥诀录》 | ★ | | | ☆ | ★ | | ★ | | | ★ |

◇注：★表示该特征表现较强，☆表示该特征表现较弱。

269

## 二、图像生产中不同阶层的自然知识及其互动

当前史学界逐渐注重史学研究中"人"的因素。而在植物图像的最终呈现中，从植物图像的基本构建到图像的绘制、传播与流通，再到阅读，实际涉及一系列的图像生产过程，在该过程中，有不同的群体阶层参与其中。由于这些人群所具备的植物知识有所差异，绘制图像的目的有所差异，对图像功能的认识亦各有差异，从而导致图像最终所呈现出的效果大相径庭。这是导致明代植物图像多元化、碎片化的重要因素。

学者士人阶层最初在本草、农书、园艺著作中绘制图像的目的在于辨识植物。最初的植物著作基本都由学者士人阶层主导编写而成，因此在阅读大量过往植物相关著作与实践积累之下，他们掌握的植物知识无疑是最多的。比如，朱橚亲自开辟植物园，在园中种植各种植物，对它们进行仔细的观察，因此对大量植物有着较为准确的认识，从而形成了自己的一套植物学知识体系；李中立，对药材市场极为熟悉，通过对植物药材加工的仔细观察，在伪药遍布的药材市场中练就了识别药材真伪的本领；李时珍，颇受父辈悬壶济世的影响，同时自己也亲自对一些药物进行实践，因此极其熟悉本草植物；著成《德善斋菊谱》者为朱橚的儿子·朱有燉，同样是对植物知识掌握极多者。从李时珍至朱橚，尽管他们具备相对丰富的植物知识——从本草植物知识演变至药材知识，但是其追求知识的本质在于"名物"，缺乏刨根问底的精神，从而导致其绘制图像的目的从未发生变化。此外，这些士人阶

层不一定拥有高超的画技；尽管其自绘的插图并不一定粗糙，但相比专业画者，他们的绘画技法仍然是稍逊一筹的。例如，《本草纲目》的图像可能是李时珍的儿子在其指导下完成的，尽管粗糙，但准确性并不比以前的本草差，所以李时珍父子并非不熟悉植物，而是缺乏专业的画技。

在图像书籍的传刻过程中，刻书者一般都会据其知识背景及创作目的等对图像形制、图文关系等各方面加以调整，比如前文述及周氏家族对《本草原始》的一些更改。由于绘画技法的匮乏，他们往往采取两种方式绘制图像。一是简化图像，亦可能出于内部教学的目的，一些书籍只绘制出极为粗略的符号化的示意图，仅能够反映出植物的典型特征，从而便于植物特征的识记，此类图像往往与真实状况相去甚远。二是聘请专人绘画。士人阶层并不亲自绘画，而是聘请专业画者、画工来进行绘画，比如朱橚就请了画工来专门进行绘画。但是这种专门延聘画者的做法，必须建立在足够的经济基础和人才基础上，而朱橚作为皇子，能提供这种基础的经济保障，并且身边就有大批的能人异士，可以辅助其绘画。

在明代所有植物图像中，李中立的《本草原始》和朱有燉的《德善斋菊谱》是两个特例，李中立具有偏至之能，不仅有丰富的植物知识，而且有一流的绘画技术，因此其《本草原始》中的图像才能如此精美。然而这样一个人物，却沉没在历史的长河之中，如今所能触及的相关史料极少。而朱有燉则如同朱橚的其他儿子一样，不仅擅长于草木的辨识，而且擅长于绘画。能兼具这两种才能的人是较为稀缺的。

[1] 郑金生.论中国古本草的图、文关系[C]//傅汉思,莫克莉,高宣主编.中国科技典籍研究——第三届中国科技典籍国际会议论文集.郑州:大象出版社,2006:210-220.

[2] 许玮.宋代的博物文化与图像[D].杭州:中国美术学院,2011:107-109.

郑金生曾经指出,图像本草著作中很多图像与文字均出于异手,因此图像质量并不好[1]。画者与士人之间有着非常绝妙的配合的例子是极其少见的,《救荒本草》就是一例,其图像与文字的黏着度较高。

从画者的角度而言,一般画家都更注重绘画的表现形式。在几部宫廷彩绘本草著作中,由于本草文字整理者与画家之间完全分离,导致画家将其当成传统绘画一样进行创作,图像色彩绮丽,十分精美。《本草品汇精要》后来从内府流传至民间,成为一些女性画家习画的摹本,直接影响到明代闺阁花鸟画的发展。画家习画的主要技法就是不断临摹,在临摹的过程中,植物图像本身得到了传承。但是在这个过程中,画家尤其是明代宫廷中的画家,只注重最终呈现出的图像艺术效果,并不关心植物的真实状态。而在明代窳败的学风环境之下,画家极少亲自取"象"于自然植物本身,加上植物知识的匮乏,在绘制图像时大多凭借于想象,以至于出现很多知识性的错误。然而值得注意的是,在宋代以及清代中晚期的宫廷画中,其动植物绘画都是非常写实的,比如宋徽宗的作品以及清代的《钦定鸟谱》《钦定兽谱》等,并且在花鸟绘画和本草图像之间存在着很大的互动影响。比如,宋代的《大观本草》(1108年)和其后的《绍兴本草》(1157年)中的植物图像颇有花鸟绘画的风格,这也可能受到宋徽宗时期对工笔花鸟绘画颇为重视的影响,同样,宋代的花鸟绘画也受到了本草图像的影响,比如据许玮考证,杨婕妤《百花图卷》中的蜀葵和黄蜀葵就参考了《大观本草》中的图像[2]。而至明代时,尽管本草图像与花鸟绘画的画者之间亦有交流，但是对自然知识的关注度明显降低，这可能与明代整体浮躁的社会风气有很大关系。

对于刻工而言，刻工技术对于版刻图像的效果有着至关重要的作用。在图像的雕刻过程中，刻工通常是将植物图像肢解成线条进行雕刻，但是刻工并不擅长绘画艺术，仅是对其进行刻版，且植物知识匮乏，从而导致很多比较奇怪的错误，比如在雕版过程中，将叶片中的叶缘信息丢失，导致原本的单叶变成了二回羽状复叶。而这种刻工造成的图像问题，在西方同样存在，普林尼所强调的"图像的危险性"，就在于此。

士人、画者与刻工三者在植物知识、绘画知识等层面大多是独立的，互不干涉的，正是这种知识的隔离与断裂，造成了原本精致的书籍中植物图像难以突破，导致这种源自植物学发展需求的图像无法推动植物知识的继续进步。

如果说本草与农书中的图像更多是为了物质生活层面的追求，那么植物谱录与园艺著作中的图像更贴近于精神层面，因此与传统绘画的关系更为贴近，此类书籍的作者多为有闲情逸致的文人。以明代的图像菊谱为例，从最初的植物谱录范畴传播至版刻及画谱范畴，而当时的画谱实际已经脱离了对自然的直接观察，形成了固定的口诀与程式，因此这样的传播并不利于植物知识的体现。如果论及植物谱录与植物绘画中的自然知识，其物候知识远甚于植物形态知识，因此即使是植物谱录中的图像，对植物知识本身的积累影响也甚微。

## 三、植物图像的流传与衰退

在每种体系最初的植物图像中，画者都是亲自观察植物并进行绘制，因此其形态较为准确。然而，明代的图像多为复制之作，在流传过程中，刻书家们大多都是对其进行重刻，或者临摹原稿，甚至临摹复制稿。当每完成一次重新刊刻，每进行一次图像复制后，就与最初的图像有所形变，甚至在图像复制的过程中因刻工植物知识的匮乏导致很多体现植物的鉴定特征丧失，从而出现错误。而这种"以讹传讹"的情况不断延续下去，以至于图像中的不少错误，甚至子虚乌有的图像都被当成了一种真实的植物图像标志或者符号。然而值得注意的是，这种发生形变的图像却丝毫未影响书籍本身的传播。这在很大程度上是由于明代尤其是明代晚期插图书籍十分盛行，几乎到了"无书不插图，无图不精工"[1]的地步。明代插图本书籍的泛滥，使得植物图像淹没在众多图像书籍之中，无论是画者、刻书者还是读者，都把植物图像与其他通俗小说、日用类书等书籍中的图像等同而视，忽略了植物图像所承载的表征植物特征的功能，进而使其沦为一种符号或者装饰。

图像在流传过程中出现的各种讹误能够不断延续，也可见图像在当时的植物辨识中未起到关键作用。从读者的角度出发，他们并不重视书籍中的图像，比如顾秉谦在《三才图会》的序言中，就提到"然嗜书者十有五六，而嗜图者则十不得一也"[2]。至于书中图像在植物鉴定中的价值，更多体现在学者士人阶层在编纂本草农

[1] 柯律格. 长物：早期现代中国的物质文化与社会状况 [M]. 高昕丹, 陈恒, 译. 北京：生活·读书·新知三联书店, 2015: 3.

[2] 顾秉谦. 三才图会序 [M] // 王圻, 王思义, 编. 三才图会. 明万历刊本影印本. 扬州：江苏广陵古籍刻印社, 1987: 序 3b.

书时，依靠图像对植物的考证与鉴别之中。在实践之中，真正需要进行植物鉴定的人则凭借的主要是经验，而这种知识的学习则依靠师傅带徒弟的师承式传播及易于上口的谚语、口诀一类。因此，植物图像在植物鉴定的实践中价值并不大。从读者实践的角度讲，这种图像书籍并非必需。

此外，植物图像最终的呈现形式不仅取决于各种客观因素，还取决于对书籍在市场流通中成本与收益的权衡，在这种权衡之下，很多时候不得不以牺牲图像质量为代价。西方植物学家莫里森就曾因为在出版《伞形植物》一书时追求精美细致的雕版印刷工艺，最终落得破产的境地。约翰·雷很清楚插图的重要性，他在出版《植物志》时，就非常希望能够图文并茂。尽管如此，在各种出版资金的压力之下，他还是不得不出版了一套没有插图的《植物志》[1]。中国古代的情况与之类似，只有由政府、皇家组织的植物出版书籍，才能够投入最大的成本去聘用上乘的画师和刻工。大部分刻书家都只能在成本与收益之间进行权衡，其中极少有专门聘请专业画师进行绘画的。

对于刻工而言，他们在本草图像的制作过程中，往往是最不具备植物知识的群体，他们的主要任务是根据提供来的画稿进行雕版复制。由于相关知识的匮乏，刻工们在刊刻过程中时常会出现各种非常刻板的错误。即便进行了非常精细的图像制作，图像也很难流传。比如明代宫廷制作的几部本草图像著作，由于其难以流通，从而导致被尘封多年。

275

[1] 安娜·帕福德.植物的故事[M].周继岚,刘路明,译.北京:生活·读书·新知三联书店,2008:405.

在各种因素的影响之下，植物图像逐渐沦为了一种符号或者图书中的装饰品，失去了其在植物学上的意义。而在各种花卉谱录中的植物图像，也只能算作一种复制品，并非是原创的图像。由于其应有价值的失去，植物图像逐渐走向没落，成为可有可无的部分。但是在清代吴其濬的笔下，植物图像又得以复活，从其线条的绘制，以及吴其濬的广泛交游和所处时代，可知他极有可能已经接触到西方传入的新兴事物，因此受到西方博物画的影响。

## 四、从图像窥探古代博物学

植物图像不仅是博物学发展的一个终端产品，同时也是博物学发展水平的一个写照。从明代的植物图像发展情况来看，同样可以看出中国古代博物学发展过程中的一些问题。

首先，从图像阅读者的角度考虑，不同阶层的读者对待图像的观念截然不同。士人阶层在著本草、农书时，需要考证鉴别植物，在这个过程中可能会用到以往的植物图像；而在采药、采集救荒植物时，普通百姓几乎不可能依靠图像，更多是凭借经验。这种士人与平民之间，抑或是学术系统与实践层面之间的知识分层同样存在于本草、农学等各个领域。学者阶层在著书立说之时，经常游离于实践，很少亲力亲为地观察植物，而更注重对文本知识的考证与梳理，尽管偶尔也有观察、实验，但是他们的观察与实验的最终目的还是服务于文本考证；而平民阶层，固然在实践之中积累了丰富的博物学经验，但无法使其系统化为成体系的知识。这种不同阶层之间的知识分层的现象在中国古代其他学科门类中也存在，可能也是博物学发展的瓶颈之一。

其次，明代的植物图像在不同著作之间存在着反复的图像复制与相互摹绘，本草、农书等著作的图像大都是在早期就形成了既定的套式，后世仅是在原有的基础上进行修正。植物谱录与园艺著作中，《培花奥诀录》与黄凤池的《唐诗画谱》中的图像具有相似性，《德善斋菊谱》《菊谱百咏图》和《高松菊谱》也非常相似；而在本草与绘画之间，更有图像的传播与摹绘。这种知识复制不仅存在于图像之中，在文本知识之中更是成为常态，柯律格也曾提到这种情况，并指出后文艺复兴时代欧洲关于"剽窃"和"原创"的概念并不适用于中国明代的情况 [1]。在知识复制中，通常已经形成了既定的模式，多是在其基础之上进行修补，无论文本知识还是图像知识均是如此。然而，正是这样的知识复制，导致当时的士人多执着于文献层，而极少对自然本身进行观察。因此，梅泰理曾评价中国古代植物图像是"文献式"的，也是不无道理的。

再次，在宋代的绘画中，通常还讲求"格物"精神，注重对自然的观察，然而至明代时，已逐步形成固定的绘图程式和绘图口诀，而不再追求直接的写实。即使有写实，就绘画而言，其对植物观察的目的在于绘画，故而将植物本身按照便于绘画的方式进行肢解。同时，这

[1] 柯律格.长物：早期现代中国的物质文化与社会状况 [M].高昕丹、陈恒，译.北京：生活·读书·新知三联书店，2015：21-45.

种刻板的绘画过于精细，注重植物在不同环境下的形态，从而也阻碍了寻求植物本身的共性，同样不利于植物知识的积累。

## 五、植物学图像传统的普遍性

中国古代有着丰富的植物图像传统，植物图像主要可以分为两类：一是以本草、农书、经学书籍插图为主体的，以"名物"为目的的实用生物图像；二是以山水画、花鸟画等为主体的，用以达到欣赏审美目的的艺术生物图像[1]。本书研究重点在于实用生物图像，然而这两种类型很多时候并不能完全分开，因此本书也涉及不少艺术生物图像。关于这两者之间的渊源关系以及艺术生物图像中的植物知识，还有待进一步的挖掘。此外，受制于史料所限，以"人"为核心的研究并不深入。尽管笔者已经尽可能地进行相关人物的资料搜集，但仍不尽如人意，从而使得一些研究分析不能深入，这些均可在日后进一步完善。

植物学的图像传统无论在中国还是西方都有着优秀的传统，但在中国植物图像尚不能形成体系之时，西方却能够将科学与艺术完美结合，并逐步形成了规范的科学绘图，进而演变成今日的科学绘画。日本的博物图像早期与中国类似，后来在"兰学"的影响下呈现另外一种发展态势。自西方文化传入中国之时，许多植物图像同样也已经受到西方绘图模式的影响。如果能将清朝末

[1] 刘华杰在其文《博物画的历史与地位》中亦提及"中国古代的博物画有两条几乎独立的进路,(1)山水画、花鸟画传统;(2)本草插图传统"。参考：刘华杰.博物学文化与编史[M].上海：上海交通大学出版社，2014：159-172.

期植物图像置于全球史的视野之下，从文化碰撞的角度对中西方植物图像的交汇进行一些研究，可能会有新的发现。

事实上，自古至今，植物学的图像传统从未中断过，尤其在当今读图时代以及倡导博物学复兴的大环境之下，各种植物图鉴、图谱类书籍更是层出不穷。然而，当今这种植物图像书籍的盛行，可能如同明代一样，不仅得益于植物知识本身的进步，更受到各种社会经济环境等复杂因素的影响。这种植物图像书籍在促进植物知识的传播上发挥了多大价值？这可能也是一个值得考量的问题。

参考文献

## 一、古籍类

[1] 陈淏子 . 秘传花镜 [M]. 文治堂本 . 东京：日本国立国会图书馆，1688（清康熙十七年）.

[2] 陈嘉谟 . 本草蒙筌 [M]. 周氏仁寿堂本 . 北京：北京大学图书馆，1573（明万历元年）.

[3] 陈嘉谟 . 图像本草蒙筌 [M]. 刘孔敦万卷楼本 . 东京：日本国立国会图书馆，1628（明崇祯元年）.

[4] 陈景沂 . 全芳备祖：前集 27 卷，后集 31 卷 [M]. 民国时期燕京大学图书馆精钞本 . 祝穆，订正 . 波士顿：哈佛大学图书馆 .

[5] 稻生若水 . 本草图翼 [M]. 北京：中国国家图书馆，1714（清康熙五十三年）.

[6] 高濂 . 遵生八笺 [M]. 兰州：甘肃文化出版社，2004.

[7] 高松 . 高松菊谱 [M]. 北京：中国书店，1996.

[8] 郭佩兰，辑 . 本草汇 [M]. 郭君双，等校注 . 北京：中国中医药出版社，2015.

[9] 何镇 . 本草纲目类纂必读 [M]// 鲁军，主编 . 中国本草全书：第 84 卷 . 中国文化研究会，纂 . 北京：华夏出版社，1999：157−402.

[10] 黄凤池，辑 . 唐诗画谱 8 种 [M]. 集雅斋藏版 . 唐本屋太兵卫，刊 . 普林斯顿：普林斯顿大学图书馆，1672（日本宽文十二年）.

[11] 李衎 . 竹谱详录 [M]. 济南：山东画报出版社，2006.

[12] 李时珍 . 本草纲目校点本 [M]. 刘衡如，校点 . 北京：人民卫生出版社，1982.

[13] 李时珍 . 新校注本本草纲目 [M]. 刘衡如，刘山水，校注 . 北京：华夏出版社，2011.

[14] 李中立 . 本草原始 [M]. 四美堂本 . 北京：中国科学院自然科学史研究所图书馆 .

[15] 李中立 . 本草原始 [M]// 续修四库全书编纂委员会 . 续修四库全书：992 子部

医家类 . 上海：上海古籍出版社，1996：577-747.

[16] 李中立 . 本草原始 [M]// 续修四库全书编纂委员会 . 续修四库全书：993 子部
医家类 . 上海：上海古籍出版社，1996：1-51.

[17] 李中立 . 本草原始 [M]. 郑金生，汪惟刚，杨梅香，整理 . 北京：人民卫生出版社，
2007.

[18] 刘文泰 . 本草品汇精要 [M]. 明抄彩绘本 . 柏林：德国柏林国家图书馆 .

[19] 倪朱谟 . 本草汇言 [M]. 郑金生，甄雪燕，杨梅香，校点 . 北京：中医古籍
出版社，2005.

[20] 宋伯仁 . 梅花喜神谱 [M]. 北京：中华书局，1985.

[21] 苏颂 . 本草图经 [M]. 尚志钧，辑校 . 合肥：安徽科学技术出版社，1994.

[22] 苏颂 . 图经本草 [M]. 辑复本 . 胡乃长，王致谱，辑注 . 福州：福建科学技术出
版社，1988.

[23] 孙知伯 . 倦还馆培花奥诀录 [M]. 北京：中国国家图书馆 .

[24] 唐慎微 . 大观本草 [M]. 尚志钧，点校 . 合肥：安徽科学技术出版社，2002.

[25] 唐慎微 . 重修政和经史证类备用本草 [M]. 晦明轩本影印本 . 北京：人民卫生
出版社，1982.

[26] 唐慎微 . 经史证类大观本草 [M]. 元大德六年宗文书院本翻刻本 . 艾晟，校定 . 东
京：日本国立国会图书馆，1775（日本永安四年）.

[27] 汪灏 . 广群芳谱 [M]. 上海：上海书店出版社，1985.

[28] 王继先，校定 . 绍兴校订经史证类备急本草 [M]. 江户写本 . 东京：日本国立
国会图书馆 .

[29] 王磐 . 野菜谱 [M]. 刻本 . 东京：日本国立国会图书馆，1586（明万历十四年）.

[30] 王圻，王思义 . 三才图会 [M]. 明万历刊本影印本 . 扬州：江苏广陵古籍刻印社，
1987.

[31] 王文洁 . 太乙仙制本草药性大全 [M]. 东京：日本东京博物馆，1582(明万历十年）.

[32] 文俶 . 金石昆虫草木状 [M]. 台北：世界书局，2013.

[33] 吴其濬.植物名实图考校释 [M].张瑞贤，王家葵，张卫，校注.北京：中医古籍出版社，2008.

[34] 徐光启.农政全书校注 [M].石声汉，校注.上海：上海古籍出版社，1979.

[35] 王磐.救荒野谱 [M].皇都书铺白松堂刻本.姚可成，补遗.东京：日本国立国会图书馆，1715（日本正德五年）.

[36] 佚名.补遗雷公炮制便览 [M].中国中医科学院藏明万历十五年精写彩绘本影印本.上海：世纪出版集团，2005.

[37] 佚名.鼎雕徽郡原板合并大观本草炮制：第 1、2、3 卷 [M].柏林：德国柏林国家图书馆.

[38] 佚名.鼎雕徽郡原板合并大观本草炮制：第 1、2、5、6 卷 [M].东京：日本国立国会图书馆.

[39] 佚名.花史：夏、秋、冬三集 [M].北京：中国国家图书馆.

[40] 佚名.食物本草 [M].故宫博物院，整理.海口：海南出版社，2000.

[41] 郑樵.通志二十略 [M].王树民，点校.北京：中华书局，1984.

[42] 周履靖.茹草编 [M].东京：日本国立国会图书馆.

[43] 周荣起.本草图谱 [M].影印本.周淑怙，周淑憘，绘图.北京：国家图书馆出版社，2011.

[44] 朱橚.救荒本草 [M].明嘉靖四年刊本影印本 // 郑振铎.中国古代版画丛刊：第 2 集.上海：上海古籍出版社，1988：1-574.

[45] 朱橚.救荒本草校释与研究 [M].王家葵，张瑞贤，李敏，校注.北京：中医古籍出版社，2007.

[46] 朱有燉.菊谱百咏图 [M].蔡汝佐，绘.贞享三年（1686 年）长尾德右卫门据德善斋本重刊本 // 西川宁，长泽规矩也，编.和刻本书画集成：第 5 辑 [M].东京：汲古书院，1976.

[47] 朱有燉.德善斋菊谱 [M].波士顿：哈佛大学哈佛燕京图书馆，1458（明天顺二年）.

# 二、画史画论类

[1] 邓椿 . 画继 [M]. 北京：人民美术出版社，1964.

[2] 郭若虚 . 图画见闻志 [M]. 北京：中华书局，1985.

[3] 俞剑华，注译 . 宣和画谱 [M]. 南京：江苏美术出版社，2007.

[4] 刘万鸣 . 中国画论 [M]. 石家庄：河北美术出版社，2006.

[5] 云告 . 宋人画评 [M]. 长沙：湖南美术出版社，1999.

[6] 张建军 . 中国画论史 [M]. 济南：山东人民出版社，2008.

[7] 张彦远 . 历代名画记 [M]. 俞剑华，注释 . 南京：江苏美术出版社，2007.

# 三、目录学与工具书

[1] 北京图书馆 . 西谛书目 [M]. 北京：北京图书馆出版社，2004.

[2] 丹波元胤 . 中国医籍考 [M]. 北京：人民卫生出版社，1956.

[3] 杜信孚 . 明代版刻综录 [M]. 扬州：江苏广陵古籍刻印社，1983.

[4] 冈西为人 . 宋以前医籍考 [M]. 北京：人民卫生出版社，1958.

[5] 龙伯坚 . 现存本草书录 [M]. 北京：人民卫生出版社，1957.

[6] 天野元之助 . 中国古农书考 [M]. 彭世奖，林广信，译 . 北京：农业出版社，
    1992.

[7] 王毓瑚 . 中国农学书录 [M]. 北京：中华书局，2006.

[8] 王重民 . 中国善本书提要 [M]. 上海：上海古籍出版社，1983.

[9] 薛清录 . 中国中医古籍总目 [M]. 上海：上海辞书出版社，2007.

[10] 赵前 . 明代版刻图典 [M]. 北京：文物出版社，2008.

# 四、研究文献

## 论 著

[1] NAPPI C. The monkey and the inkpot: natural history and its transformations in early modern China[M]. Cambridge: Harvard University Press, 2009.

[2] FREEDBERG D. The eye of the lynx: Calileo, his friends, and the beginnings of modern natural history[M]. Chicago: The University of Chicago Press, 2003.

[3] BRAY F, et al. Graphics and text in the production of technical knowledge in China: the warp and the weft[M]. Boston: Brill, 2007.

[4] MÉTAILIÉ G. Science and civilisation in China: volume 6, biology and biological technology: part 4, traditional botany: an ethnobotanical approach[M]. Cambridge: Cambridge University Press, 2015.

[5] NEEDHAM J. Science and civilisation in China: volume 6, biology and biological technology: Part 1, Botany[M]. Cambridge: Cambridge University Press, 1986.

[6] LEFEVRE W, RENN J, et al. The power of image in early modern science [M].Basel: Switzerland，2003.

[7] 艾伦·G. 狄博斯. 文艺复兴时期的人与自然 [M]. 周雁翎，译. 上海：复旦大学出版社，2000.

[8] 安娜·帕福德. 植物的故事 [M]. 周继岚，刘路明，译. 北京：生活·读书·新知三联书店，2008.

[9] 彼得·伯克. 图像证史 [M]. 杨豫，译. 北京：北京大学出版社，2008.

[10] 曹清. 香闺缀珍明清才媛书画研究 [M]. 南京：江苏美术出版社，2013.

[11] 程兆熊. 中华园艺史 [M]. 台北：台湾商务印书馆，1993.

[12] 大木康. 明末江南的出版文化 [M]. 周保雄，译. 上海：上海古籍出版社，2014.

[13] 冯澄如. 生物绘图法 [M]. 北京：科学出版社，1959.

[14] 冈西为人. 本草概说 [M]. 大阪：创元社，1976.

[15] 广东省植物研究所《采药知识》编写组. 采药知识 [M]. 广州：广东人民出版社，1977.

[16] 郭味蕖. 中国版画史略 [M]. 北京：朝花美术出版社，1962.

[17] 赫俊红. 丹青奇葩——晚明清初的女性绘画 [M]. 北京：文物出版社，2008.

[18] 黄胜白，陈重明. 本草学 [M]. 南京：南京工学院出版社，1988.

[19] 柯律格. 明代的图像与视觉性 [M]. 黄晓鹃，译. 北京：北京大学出版社，2011.

[20] 柯律格. 长物：早期现代中国的物质文化与社会状况 [M]. 高昕丹，陈恒，译. 北京：生活·读书·新知三联书店，2015.

[21] 李湜. 明清闺阁绘画研究 [M]. 北京：紫禁城出版社，2008.

[22] 李约瑟. 中国科学技术史：第六卷 生物学及相关技术：第一分册 植物学 [M]. 袁以苇，万金荣，陈重明，等译. 北京：科学出版社，2008.

[23] 令狐彪. 宋代画院研究 [M]. 北京：人民美术出版社，2011.

[24] 刘华杰. 博物学文化与编史 [M]. 上海：上海交通大学出版社，2014.

[25] 刘昭民. 中华生物学史 [M]. 台北：台湾商务印书馆，1993.

[26] 罗桂环，汪子春. 中国科学技术史：生物学卷 [M]. 北京：科学出版社，2005.

[27] 罗一平. 语言与图式——中国美术史中的花鸟图像 [M]. 广州：岭南美术出版社，2006.

[28] 倪葭. 历代梅谱研究 [M]. 北京：中国青年出版社，2014.

[29] 欧文·潘诺夫斯基. 图像学研究：文艺复兴时期艺术的人文主题 [M]. 戚印平，范景中，译. 上海：上海三联书店，2011.

[30] 山田庆儿. 東アジアの本草と博物学の世界 [M]. 东京：思文阁出版，1995.

[31] 上海古籍出版社. 生活与博物丛书 [M]. 上海：上海古籍出版社，1993.

[32] 汪子春，罗桂环，程宝绰．中国古代生物学史略 [M].石家庄：河北科学技术出版社，1992.

[33] 王伯敏．中国版画通史 [M].石家庄：河北美术出版社，2002.

[34] 王淑民．形象中医——中医历史图像研究 [M].北京：人民卫生出版社，2010.

[35] 谢宗万．中药品种理论与应用 [M].北京：人民卫生出版社，2008.

[36] 薛愚．中国药学史料 [M].北京：人民卫生出版社，1984.

[37] 于振洲，于欣．生物绘画技法 [M].长春：东北师范大学出版社，1991.

[38] 张道一．中国木版画通鉴 [M].南京：江苏美术出版社，2010.

[39] 郑金生．药林外史 [M].桂林：广西师范大学出版社，2007.

[40] 郑金生，整理．南宋珍稀本草三种 [M].北京：人民卫生出版社，2007.

[41] 郑金生，主编．中华大典：医药卫生典 药学分典 药物图录总部 [M].成都：巴蜀书社，2008.

[42] 郑振铎．中国古代木刻画史略 [M].上海：上海书店出版社，2006.

[43] 彭世奖，校注．历代荔枝谱校注 [M].北京：中国农业出版社，2008.

[44] 中国植物学会．中国植物学史 [M].北京：科学出版社，1994.

[45] 周进生．文脉与匠心——明清画谱画诀研究 [M].北京：文化艺术出版社，2011.

[46] 周心慧．中国古版画通史 [M].北京：学苑出版社，2000.

[47] 周心慧．中国古代版刻版画史论集 [M].北京：学苑出版社，1998.

期刊文献

[1] FRACASSO R. The illustration of the "Shan hai jing": from Yu's tripods to Qing blockprints[J]. Cina, 1988(21): 93−104.

[2] MÉTAILIÉ G. A propos de quatre manuscrits chinois de dessins de plantes [J].Arts Asiatiques. 1998(53): 32−38.

[3] MÉTAILIÉ G. Some reflections on the history of botanical knowledge in China[J]. Circumscribere, 2007(3): 66−84.

[4] STERCKX R. The limits of illustration: animalia and pharmacopeia from Guo Pu to Bencao Gangmu[J]. Asian Medicine, 2007, 4(2):357−394.

[5] RUDOLPH R C. Illustrated botanical works in China and Japan[J]. bibliography & natural history by Thomas R. Buckman. 1966:103.

[6] 安德列 - 乔治·奥德里古尔, 乔治·梅泰理. 论中国的植物图 [M]// 龙巴尔, 李学勤, 主编. 法国汉学: 第 1 辑. 北京: 清华大学出版社, 1996: 520−530.

[7] 曹南屏. 图像的 "文化转向" ——新文化史视域中的图像研究 [M]// 复旦大学历史系. 新文化史与中国近代史研究. 上海: 上海古籍出版社, 2009: 343−344.

[8] 何奕恺. 人物书写的图文反思——以中国古代像传体为中心 [J]. 文化艺术研究, 2010（1）: 186−199.

[9] 李昂, 陈悦. 中文古籍中植物图像表达特点刍议 [J]. 自然科学史研究, 2015（1）: 83−100.

[10] 梁飞, 李健, 张卫. 晦明轩本《重修政和经史证类备用本草》的刻工 [J]. 中华医史杂志, 2012（6）: 342−344.

[11] 廖育群. 中国传统医学中的 "传统" 与 "革命" [J]. 传统文化与现代化, 1999（1）: 85−92.

[12] 刘大培, 尚志钧.《证类本草》药图的考察 [J]. 浙江中医杂志, 1994（1）: 46−50.

[13] 罗桂环. 朱橚和他的《救荒本草》[J]. 自然科学史研究，1985（2）：189-194.

[14] 闵宗殿. 读《救荒本草》（《农政全书》本）札记 [J]. 中国农史，1994（1）：98-102.

[15] 那琦. 美国国会图书馆所藏本草之版本考察 [J]. 中国医药学院研究年报，1971（2）：273-298.

[16] 那琦. 明代唯一敕撰本草《本草品汇精要》原本之流落海外与其药图之百余年后摹写本《金石昆虫草木状》之刊行价值 [J]. 科学史通讯，1984（3）：35-43.

[17] 乔治·梅泰理. 论宋代本草与博物学著作中的理学"格物"观 [M]// 法国汉学丛书编辑委员会. 法国汉学：第 6 辑 科技史专号. 北京：中华书局，2002：290-319.

[18] 邱仲麟. 明代的药材流通与药品价格 [J]. 中国社会历史评论，2008（0）：195-213.

[19] 孙启明. 三幅唐《天宝单方药图》考订 [J]. 中药材，2002（10）：743-745.

[20] 孙启明. 唐《天宝单方药图》的再发掘 [J]. 中药材，2003（5）：368-370.

[21] 孙英宝，马履一，覃海宁. 中国植物科学画小史 [J]. 植物分类学报，2008（5）：772-784.

[22] 王华夫. 明代佚本《德善斋菊谱》述略 [J]. 中国农史，2006（1）：142-143.

[23] 王玠，谢宗万，章国镇. 《本草原始》研究概述 [J]. 中药材，1989（10）：41-43.

[24] 王玠. 《本草原始》再考察 [J]. 中国药学杂志，1995（9）：564.

[25] 王青. 从"图像证史"到"图像即史"：谈中国神话的图像学研究 [J]. 江海学刊，2013（1）：173-180.

[26] 魏露苓. 明清动植物谱录及其特点 [C]// 华觉明. 中国科技典籍研究——第一届中国科技典籍国际会议论文集. 郑州：大象出版社，1996：210-217.

[27] 邬家林，郑金生. 《本草纲目》图版的讨论 [J]. 中药通报，1981（4）：9-11.

[28] 谢宗万 .《本草纲目》图版考察 [J]. 中医杂志，1984（3）：72-75.

[29] 谢宗万 . 关于《本草纲目》附图价值的讨论 [J]. 中医杂志，1982（8）：72-74.

[30] 姚继华 . 对于《本草纲目》附图作者之考证 [J]. 中成药杂志，1990（12）：46.

[31] 余欣 . 索象于图，索理于书：写本时代图像与文本关系再思录 [J]. 复旦学报（社会科学版），2012（4）：61-68.

[32] 张荣东 . 日藏明代孤本《德善斋菊谱》考述 [J]. 中国农史，2010（4）：116-119.

[33] 张卫，张瑞贤 .《本草原始》版本考察 [J]. 中医文献杂志，2010（1）：5.

[34] 张卫，张瑞贤 .《植物名实图考》引书考析 [J]. 中医文献杂志，2007（4）：11-13.

[35] 章次公 . 中国本草图谱史略 [J]. 中西医药杂志，1935（4）：306-311.

[36] 赵晶 . 明代宫廷画家官职考辨 [J]. 故宫博物院院刊，2015（3）：51-73.

[37] 郑金生，裘俭 . 新浮现《补遗雷公炮制便览》研究初报 [J]. 中国药学杂志，2004（5）：389-391.

[38] 郑金生，肖永芝 . 杏雨书屋《精绘本草图》的考察 [J]. 现代中药研究与实践，2005（S1）：38-40.

[39] 郑金生 .《天宝单方药图》考略 [J]. 中华医史杂志，1993（3）：158-161.

[40] 郑金生 . 李中立及其《本草原始》的考察 [J]. 中华医史杂志，1987（1）：32-34.

[41] 郑金生 . 论中国古本草的图、文关系 [C]// 傅汉思，莫克莉，高宣，主编 . 中国科技典籍研究——第三届中国科技典籍国际会议论文集 . 郑州：大象出版社，2006：210-220.

[42] 郑金生 . 明代画家彩色本草插图研究 [J]. 新史学，2003（4）：65-120.

[43] 郑金生 . 中国古代彩绘药图小史 [J]. 浙江中医杂志，1989（9）：422-424.

## 学位论文

[1] 陈琦 . 刀刻圣手与绘画巨匠——20 世纪前中西版画形态比较研究 [D]. 南京：南京艺术学院，2006.

[2] 久保辉幸 . 宋代植物"谱录"的综合研究 [D]. 北京：中国科学院自然科学史研究所，2010.

[3] 李健 . 清以前《证类本草》的版本研究 [D]. 北京：中国中医科学院，2011.

[4] 倪葭 . 历代梅谱研究 [D]. 北京：中央美术学院，2012.

[5] 孙清伟 . 中医本草古籍图像研究 [D]. 北京：中国中医科学院，2013.

[6] 王玠 .《本草原始》版本源流、学术成就及药物品种的考察 [D]. 北京：中国中医研究院，1989.

[7] 许玮 . 宋代的博物文化与图像 [D]. 杭州：中国美术学院，2011.

[8] 杨静宜 . 中国纂图本草古籍发展之研究 [D]. 新北：淡江大学，2011.

*  *  *  *  *

后记

本书是在我博士论文的基础上修改而成。

2013 年秋天，生物学出身的我开始转向故纸堆，以求索科学发展的历史为乐。那时候，博物学复兴的风潮在国内掀起已久，古老的博物学正在被重新发现，市面上各种博物学书籍层出不穷，网络上诸多博物达人正走向网红。

对于博物学的复兴，我总以为历史的进程是不可逆的，博物学是一门古老的学问，现代科学中的生物学、地质学等某种程度上从其演化而来，博物学已经完成其使命，无法再登入现代科学的殿堂，而应是以与现代自然科学并行的一种姿态共存。但是当我们追溯科学的历程时，必然会回归到博物学传统的探讨，而且博物学作为亲近自然、陶冶情操的一种方式走进大众视野，在当今以科学技术为主导的社会亦有其积极意义。在博物学重新兴起的过程中，不仅有掌握动植物专业知识的科研工作者参与，亦有擅长植物科学画的画家们参与，还有历史、文化等领域的学者及自然爱好者等参加。国内各大出版社也纷纷推出博物学系列书籍，如商务印书馆的"博物之旅"和"自然文库"，上海交通大学出版社的"博物学文化"。在这些书中，花草鸟兽虫鱼均配以精美的图片，与文字知识一道呈现在读者面前。尽管博物学书籍的数量近些年持续攀升，但市面上此类书籍的质量却参差不齐。很多此类书籍中，出现不少相近物种间图文张冠李戴的现象，在图像的使用上也存在粗制滥造的情况，甚至一些书籍图像还出现了令人啼笑皆非的错误，比如某本动物图鉴在海象的附图中，直接将大象的形象复制至海洋中，谓之"海象"。这些一定程度上成为博物学复兴道路上的阻力，不仅不会陶冶情操，反而还会误导读者。

我在刚开始研习生物学史时，关注到一些探讨历史中的动植物图像的著作，随后注意到在李约瑟的研究和我的导师罗桂环先生的诸多研究中，均涉及不少史料中的植物图像，便开始对图像多加关注，后与罗老师讨论能否从图像出发做点研究，在导师的鼓励与支持下，不断摸索。后来，在不断挖掘和阅读史料的过程中，我发现在较为开放与包容的明代，伴随着盛极一时的印刷出版业，植物图像书籍也较为兴盛，而由于社会、文化背景的差异，植物图像的表现形式五花八门、各有千秋。之后，我逐渐选定研究课题，希望能对明代植物图像做探索。历史总是惊人的相似，今日之博物图像与明代之植物图的发展其实有一些类似之处，希望本研究能够为今日博物学复兴中的博物图像的发展起到一丁点启发和警示作用。

该研究的开展实施，得益于罗老师在各方面的指导。罗老师从未对我们设立条条框框的要求，但几年下来，我已在老师的潜移默化中形成了一些良好的习惯。老师给予的整体上的自由与细节上的悉心指导，让我获益匪浅。我生性木讷，时常有一些模糊的想法不能清晰表达，但每经老师一番点拨，总有醍醐灌顶之感。在此对罗老师这几年对我各方面的指导与帮助表示衷心的感谢！

在研究过程中，有诸多老师针对其中一些问题给我提出了非常重要、极具价值的建议，使我受益良多，这让我对研究所涉及的内容以及整体的把握，有了更深入的思考与理解。在此向各位给予我帮助和指点的老师致以真诚的谢意。

使我受益很多的还有我的同门师兄师姐、研究所里的诸位同学好友及生物学领域的一些友人，我们之间的讨论、交流、争辩、反驳甚至于玩笑，对我的视野及思维多有启发，甚至有些话题直接促进了我研究的一点思路，也为枯燥的学习研究增添了许多乐趣。

在史料的收集上，得益于日本、德国、美国等古籍数字化资源的开放，使我获得很多宝贵的数字化的高清古籍资源，还有一些资料主要在中国科学院自然科学史研究所、中国国家图书馆、首都图书馆、中国科学院图书馆、加州大学伯克利分校东亚图书馆等地获得。此外，书格、微博等现代网络工具为我提供了大量史料线索，在此不得不感叹现代科技力量给我们研究带来的便捷。

完成博士论文后，这两年又断断续续对文稿进行了修改完善，得到了广西科学技术出版社的大力支持，黄敏娴副总编辑为本书的出版付出了不少心血，负责本书出版的编辑对书稿进行了仔细的修改，并给予我一些有价值的修改意见，为本书的出版花费了很大精力，在此一并致以诚挚的谢意。

本书是我在中国古代动植物图像方向上研究的一些初步的尝试，我深深知道，目前的研究还非常粗浅，不足和谬误之处，还请读者指正。该领域还有更多值得探讨的地方，学术的道路永无止境，希望我在该领域的研究能走得更远。

张钫

2019 年 2 月 14 日

张钫：中国政法大学讲师，中国科学院自然科学史研究所理学（科技史）博士，主要从事中国生物学史研究，在《自然科学史研究》《中国科技史杂志》《南京艺术学院学报（美术与设计版）》等期刊发表多篇研究论文。

**图书在版编目（CIP）数据**

草木花实敷：明代植物图像寻芳 / 张钫著 . — 南宁：广西科学技术出版社，2021.3
（中国传统博物学研究文丛）

ISBN 978-7-5551-1308-9

Ⅰ . ①草… Ⅱ . ①张… Ⅲ . ①植物—研究—中国—明代 Ⅳ . ① Q94

中国版本图书馆 CIP 数据核字 (2020) 第 124171 号

CAO MU HUA SHI FU——MING DAI ZHIWU TUXIANG XUN FANG

# 草木花实敷——明代植物图像寻芳

张钫 著

策　　划：黄敏娴

责任编辑：李　杨　　　　　　　责任校对：夏晓雯
责任印制：韦文印　　　　　　　装帧设计：璞　间　陈　凌

出版人：卢培钊
出　版：广西科学技术出版社
社　址：广西南宁市东葛路 66 号　　　邮政编码：530023
网　址：http://www.gxkjs.com

经　销：全国各地新华书店
印　刷：广西壮族自治区地质印刷厂
地　址：南宁市青秀区建政东路 88 号　邮政编码：530023
开　本：787mm×1092mm　1/16
字　数：272 千字　　　　　　　　印　张：19.25
版　次：2021 年 3 月第 1 版
印　次：2021 年 3 月第 1 次印刷
书　号：ISBN 978-7-5551-1308-9
定　价：98.00 元

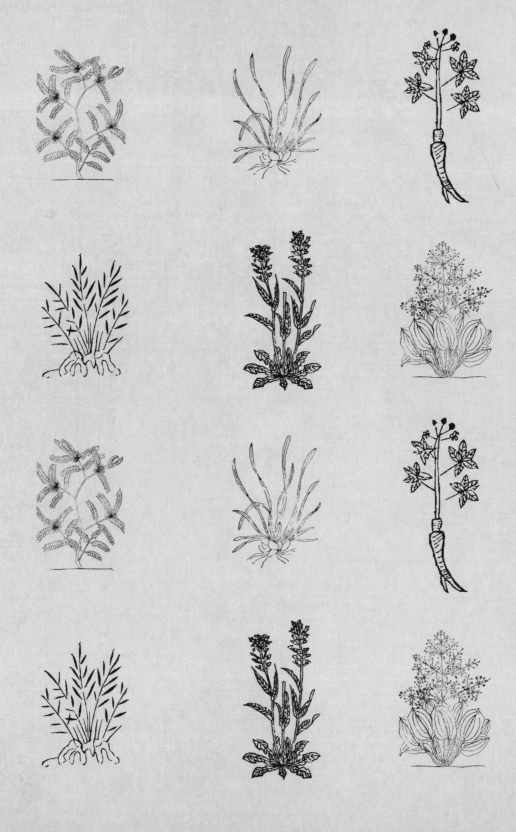